高等院校技能应用型教材·数字媒体系列

Adobe Animate CC 动画制作案例教程

王 威 著

电子工业出版社·

Publishing House of Electronics Industry

北京·BEIJING

内 容 简 介

本书采用案例贯穿的形式，循序渐进地对 Animate 动画制作的流程进行了详细介绍，同时也剖析了 Animate 使用者在实践过程中容易遇到及关心的问题。全书的知识点涉猎面广，除对 Animate 动画制作流程进行了详尽的介绍以外，还对 Animate 软件的角色设计、场景设计、透视、游戏等进行了深入的阐述。

本书的案例均配备了视频教程，读者可以登录腾讯课堂和中国大学慕课平台学习、观看，还可以扫描书中的二维码，在移动设备中进行浏览。

本书收录了大量的教学动画、商业动画、场景设计、多媒体交互的 Animate 源文件，有利于读者进行更深入的研究。本书提供了教学大纲、PPT、完整的案例素材和源文件，读者可登录华信教育资源网（www.hxedu.com.cn）免费下载。

本书可作为高等院校及高等职业院校游戏、动漫、数字媒体、艺术设计、图形图像等专业的教材，也可作为动画爱好者及从事电影特技、影视广告、游戏制作等人员的参考书。

图书在版编目（CIP）数据

Adobe Animate CC 动画制作案例教程 / 王威著 .—北京：电子工业出版社，2019.3
ISBN 978-7-121-35443-4

Ⅰ.① A… Ⅱ.①王… Ⅲ.①超文本标记语言－程序设计－高等学校－教材 Ⅳ.① TP312.8

中国版本图书馆 CIP 数据核字 (2018) 第 248206 号

策划编辑：薛华强
责任编辑：程超群　　文字编辑：薛华强
印　　刷：北京缤索印刷有限公司
装　　订：北京缤索印刷有限公司
出版发行：电子工业出版社
　　　　　北京市海淀区万寿路 173 信箱　邮编　100036
开　　本：787×1092　1/16　印张：18　字数：508 千字
版　　次：2019 年 3 月第 1 版
印　　次：2024 年 7 月第 13 次印刷
定　　价：79.80 元

凡所购买电子工业出版社图书有缺损问题，请向购买书店调换。若书店售缺，请与本社发行部联系，联系及邮购电话：（010）88254888，88258888。

质量投诉请发邮件至 zlts@phei.com.cn，盗版侵权举报请发邮件至 dbqq@phei.com.cn。

本书咨询联系方式：（010）88254569，xuehq@phei.com.cn，QQ1140210769。

前 言

现如今，国内大多数学校的动画专业课程设置中，Flash 是常见的动画制作软件之一。可以说，Flash 极大地促进了中国动画行业的发展。2015 年 12 月 2 日，Adobe 公司宣布 Flash Professional 未来版本采用崭新的名字 Animate CC（简称 AN）。当下，Animate 已经不单单是动画制作软件，它还向游戏、交互、多媒体等领域挺进，并取得了极大的成绩。

很多学生在学习过程中往往对大量的练习产生排斥心理，但从教学角度来看，如果希望学生的能力有所提高，就需要适当施加压力，采取强制性练习。在学习过程中，交流非常重要，尤其是初学者之间的相互交流，能起到很好的效果。例如，讲授 Animate 这门课时，可以将学生上一节课的作业投影到大屏幕上。这样做有两个好处，一是监督大家的学习进度，二是促进学生之间互相交流。

学习 Animate 这款动画软件，不仅要求学生能坐得住，还要培养学生的自学能力。笔者发现，如果上课期间进行练习，学生逐渐会对教师产生依赖性，所以，笔者的观点是，建议学生在课后进行练习，当他们遇到问题后，必然会相互沟通、探索求问，若问题无法解决，就需要自己上网查资料。这样就无形中提高了学生的自学能力。

由于动画制作是一个比较复杂的过程，需要多人相互配合才能完成，因此，还需要锻炼学生的团队配合能力。锻炼的方法是让学生自己选择剧本，然后自由结合成制作小组，每天向教师汇报工作进度。汇报时，每组都要派代表上台发言，在全体同学面前用 PPT 的形式展示所在小组的工作情况。这样，不仅能提高学生的团队合作能力，也能锻炼他们的口头表达能力和展示能力。

本书的实例都曾在实践和教学过程中使用过，且效果良好，适合 Animate 动画制作人员学习。在理论的讲解部分，由于一些 Animate 命令极为复杂、庞大，因此本书舍弃了那些在实战中应用不到或应用较少的命令，只对那些常用命令进行集中讲解。这样，可以使读者的精力集中在这类重要的命令上，有利于快速掌握 Animate 的操作过程。

本书的实例均配备了视频教程，读者可以登录腾讯课堂和中国大学慕课平台学习、观看。此外，读者还可以使用移动设备，扫描书中的二维码进行浏览。

本书配备了所有实例的源文件和素材，以及供教师上课使用的电子课件。

在本书的编写过程中，得到了郑州轻工业大学艺术设计学院、河南许愿星传媒有限公司的领导和老师们的支持，以及学生们的帮助，其中有原郑州轻工业学院动画系的范辉、宋帅、屈佳佳、王翔、杨永鑫、漫晓飞、何玲、李金荣、佘静、洪枫、肖遥、艾迪、于彩丽、施雅静、朱伟伟、吕琦、胡海洋、秦文双、褚申宁、王娟、邓滴汇、王凡、周洁、秦文汐、班青。

特别感谢王文俊在本书编著过程中的帮助和督促。

希望这本书能够帮助更多的人实现自己的动画梦想。由于作者水平有限，书中难免有不妥和错误之处，恳请广大读者批评指正，联系方式为 skywear@126.com，或新浪微博 @skywear。

王　威

2019 年 2 月于郑州

第 1 章

Adobe Animate 入门

1.1 Animate 的定位和发展史

Animate 是一款优秀的动画、游戏和多媒体制作软件。

Animate 自诞生之日起，外界对它的定义就在不断改变。

Animate 的前身是 Future Wave 公司开发的 FutureSplash Animator，这是一款基于矢量的动画制作软件。由于该软件得到了良好的反响，于是它被 Macromedia 公司收归旗下，定名为 Macromedia Flash 2。

Flash 诞生于 20 世纪 90 年代末期，由于 Flash 以矢量的绘图手段为主，因此它所生成的动画文件的体积很小，这一特点能够保证用户在当时网络带宽较小、网速较慢的环境中下载并观看 Flash 动画，因此在这一阶段，Flash 被定义为"网络动画"制作软件。

2000 年，Flash 5 发布，其中的 ActionScript 的语法已经完善，能够帮助用户使用 Flash 5 独立制作交互类设计，Flash 作为多媒体交互制作软件，开始广泛地应用于光盘、触摸屏等领域，图 1-1 为 Flash 5 和 Flash MX 版本的启动画面。

图 1-1

2005 年，Flash 所在的 Macromedia 公司被 Adobe 公司以 34 亿美元收购，Flash 与 Adobe 公司旗下的 Photoshop、Illustrator 等软件的兼容性大幅度提高，精细的位图也可以在 Flash 中更好地运用，Flash 由单纯的矢量动画制作跃变为专业的二维动画制作软件，图 1-2 为 Flash 8 和 Flash CS3 版本的启动画面。

图 1-2

2008 年，Flash CS4 发布，该版本增加了骨骼工具、3D 工具等三维动画功能，Flash 也增添了更多三维方面的元素。

2010 年，Flash CS5 发布，新版本在设计方面的变化不多，但增加了对手机端的技术支持，使得 Flash 可以直接输出手机应用程序，这对于开发人员而言，意义重大。而在当时，智能手机开始普及，Flash 的新功能带给用户更多直观的体验。图 1-3 为 Flash CS4 和 Flash CS5 版本的启动画面。

图 1-3

2013 年，Adobe Flash CC Professional 发布，该版本完全放弃原有的结构代码，而是基于 Cocoa 重新搭建原生 64 位架构应用，此举意味着 Adobe 公司重新开发了 Flash 软件。

2015 年 12 月 2 日，Adobe 公司宣布 Flash Professional 未来版本采用崭新的名字 Animate CC（简称 AN），新版本增加了大量的新特性，比如支持 HTML5 Canvas、WebGL 等，并通过可扩展架构支持包括 SVG 在内的多数动画格式。

Animate CC 是一款定位于适合游戏设计、应用程序开发和 Web 开发的交互式矢量动画设计软件。图 1-4 为 Animate CC 的启动画面。

图 1-4

Animate CC 的其他新功能还有：矢量艺术笔刷、360° 旋转画布、改进的铅笔和笔刷、更简单的音频同步、更快的色彩变化、彩色洋葱皮、Adobe Stock 海量素材库、Creative Cloud Libraries 云端图形与笔刷库、4K+ 视频导出、自定义分辨率导出、OAM 支持等。

1.2 Animate 的界面

打开 Animate 软件，会显示一个启动界面，如图 1-5 所示。在该界面中，用户可以根据自己的需求选择相应的内容。

- 打开最近的项目：用户可打开最近使用过的制作项目。
- 新建：用户可以使用 Animate 内设的模板，直接创建文件。
- 简介和学习：用户可以在 Animate 中学习并了解一些基本的教学内容。

如果希望下次启动软件时不再显示该窗口，则选中窗口左下角的"不再显示"复选框。

新建一个文件，进入 Animate 的主面板。单击右上方的"基本功能"按钮，可以在"基本功能""传统""设计人员""动画"四个布局面板之间进行切换，如图 1-6 所示。

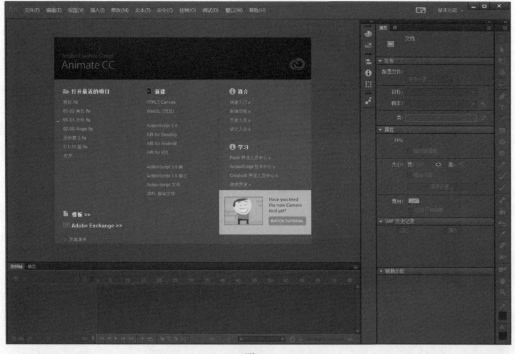

图 1-5

图 1-6

这四个布局面板是 Animate 为不同用户设置的，例如，"动画"布局面板会把动画编辑器、场景等放在显要的位置，便于动画设计人员操作。

我们以"传统"布局面板为例介绍 Animate 的界面布局，整个界面可以分为五部分，分别是菜单栏、工具栏、舞台、时间轴和面板组，如图 1-7 所示。

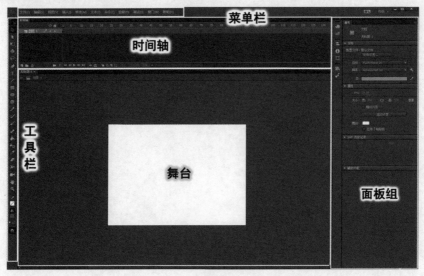

图 1-7

1．菜单栏

Animate 的多数菜单命令在菜单栏中，包括文件、编辑、视图、插入、修改、文本、命令、控制、调试、窗口和帮助 11 个菜单。单击任意菜单均会弹出子菜单列表，可以选择相关的命令。

2．工具栏

工具栏主要包括 Animate 的绘图工具、视图操作工具及辅助工具，由上到下依次是选择工具、部分选取工具、任意变形工具、3D 旋转工具、套索工具、钢笔工具、文本工具、线条工具、矩形工具、椭圆工具、多角星形工具、铅笔工具、画笔工具（两种）、骨骼工具、颜料桶工具、墨水瓶工具、滴管工具、橡皮擦工具、宽度工具、摄像头、手形工具和缩放工具。如果看到工具图标的右下方有小三角，则单击该工具，会弹出隐藏工具面板，包含其他类似的工具，如图 1-8 所示。

图 1-8

3．舞台

舞台也被称为工作区，是使用频率最高的区域，同时也是最大的区域，Animate 的绘图和调节工作都在这里进行。

4．时间轴

时间轴用来显示和管理当前动画的帧数和图层数，并对影片进行组织和控制等，是动画制作人员主要操作的区域。

5. 面板组

面板组内放置着 Animate 的多数命令面板，有颜色面板、样本面板、对齐面板、信息面板、变形面板、库面板、动画预设面板等。这些面板对 Animate 的操作起辅助作用，并可以提供更为丰富的添加效果。

注意观察，每个面板的顶部都可以使用鼠标进行拖曳，从而改变面板的位置。也可以单击面板顶部的三角形图标，以便展开和收起面板。

1.3　Animate 的基础操作

1.3.1　Animate 的舞台（视图）操作

对于 Animate 来说，视图指的就是舞台。

对舞台的操作只有两种方式，即移动和放缩。这两种操作方式分别用到工具栏中的手形工具和缩放工具。

手形工具可以对舞台进行移动，需要注意，这里的移动操作仅针对舞台，就如同把手里的一幅画移到一边。

在绘图过程中，频繁单击手形工具较为烦琐，故介绍两种快捷方式：第一种，按 H 键自动切换到手形工具；第二种，按住空格键不放，这样无论当前是什么工具，都可以直接切换到手形工具，并对舞台进行移动，而松开空格键后，会自动切换到之前使用的工具，这种方法是目前最常用的，如图 1-9 所示。

缩放工具可以对舞台进行放大或缩小，以便观看。单击缩放工具，再在舞台中单击，会放大舞台；按住 Alt 键不放，并在舞台中单击，会缩小舞台；也可以对某一细节框选，这样可以放大框选的部分。

缩放工具同样也有两种快捷方式：第一种，按 Z 键自动切换到缩放工具；第二种，按住 Ctrl 键的同时再按 +（加号）键，可以放大舞台；按住 Ctrl 键的同时再按 -（减号）键，可以缩小舞台，如图 1-10 所示。

图 1-9　　　　　　　　　　　　　　　　　图 1-10

1.3.2　Animate 的选择操作

（1）使用工具栏中的选择工具可以完成选择操作。选择操作有单选、多选和框选三种。

①单选：单击选择工具，在舞台中再单击需要选择的物体。

②多选：单击选择工具，按住 Shift 键不放，逐一单击需要选择的物体，就可以实现多选。若发现不慎多选了物体，可以按住 Shift 键不放，单击已经选择的物体，即可取消该物体的选中状态。

③框选：单击选择工具，在舞台中绘制一个矩形框，则框内的物体都会被选中。

（2）根据所选物体的不同，选择工具可以显示四种不同的效果，如图 1-11 所示，各种效果表述如下。

①无选择物体时：在舞台中，选择工具只会显示箭头图标。

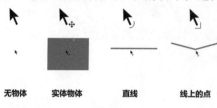

②选择实体物体时：选择工具右下角会出现一个十字光标。

③选择直线时：选择工具右下角会显示一条圆弧线，表示可以将直线拖曳为曲线。

④选择线上的点时：选择工具右下角会出现一条折线，表示当前为拐点。

| 无物体 | 实体物体 | 直线 | 线上的点 |

图 1-11

1.4 示范实例——绘制 Animate 标志

视频教程

本节将使用 Animate 工具栏中的矩形工具和文本工具绘制 Animate 的图标，效果如图 1-12 所示。

图 1-12

（1）单击 Animate 工具栏中的矩形工具，然后在工具栏下面的两个色块中，单击上面的铅笔图标旁边的色块，在弹出来的默认色板菜单中，单击右上角的红色斜线按钮，即取消轮廓线，最后，单击下面油漆桶旁边的色块，在弹出来的默认色板菜单中选择红色。这样，绘制的形状就只有填充色而没有轮廓线。

接下来，按住 Shift 键不放，在舞台按住鼠标左键进行拖曳，绘制一个没有轮廓线的红色矩形，如图 1-13 所示。

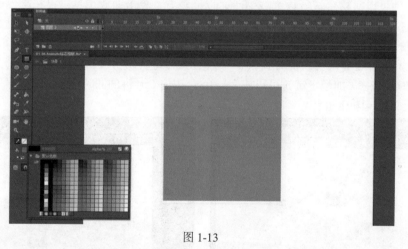

图 1-13

（2）单击工具栏中的任意变形工具，选中刚才绘制好的红色矩形，按 Ctrl+C 组合键，复制红色矩形，再按 Ctrl+Shift+V 组合键，将该红色矩形原地复制一个，然后单击工具栏下面油漆桶旁边的色块，在弹出来的默认色板中选择黑色，这样，复制的矩形就变成了黑色。

因为当前选择的是任意变形工具，所以该黑色矩形周围有一些控制点，将鼠标移至矩形任意角的控制点上，按住Shift键不放，按住鼠标左键进行拖曳，将黑色矩形整体等比例缩小，如图1-14所示。

（3）单击工具栏中的文本工具，在舞台中单击后，输入字符"An"，注意区分"A"和"n"的大小写。选中字符"An"，在字符面板中的"系列"下拉菜单中，可以选择合适的字体；此外，"大小"属性用于改变字符的字号大小；"字母间距"属性用于改变字符之间的距离，如图 1-15 所示。

图 1-14

图 1-15

本例的源文件可参考配套资源中的"01-01-Animate 标志绘制 .fla"。

1.5　示范实例——绘制小狗

视频
教程

Animate 的绘制操作主要包括绘制轮廓线以及绘制填充色。

绘制的基本流程为：先使用绘制线的工具，绘制物体轮廓并调整，形成封闭的区域，再使用填充色工具将封闭区域填充为色块或渐变色。

在 Animate 中，线的绘制工具主要有：线条工具、铅笔工具、钢笔工具等。

在 Animate 中，线的调整工具主要有：选择工具、部分选取工具等。

在 Animate 中，填充色工具主要有：颜料桶工具等。

本节将介绍使用 Animate 的绘图工具绘制一只小狗，效果如图 1-16 所示。

图 1-16

1.5.1　线的绘制——椭圆工具

首先绘制小狗头部的轮廓线。

（1）单击 Animate 工具栏中的椭圆工具。按住 Shift 键不放，在舞台中按住鼠标左键进行拖曳，绘制一个圆形。

现在绘制的圆形是一个填充色为蓝色、轮廓线为黑色的实体圆。如果希望绘制的圆形只有轮廓线，没有填充色，则需要在绘制前按以下步骤设置。

在工具栏的最下方，有铅笔工具和颜料桶工具的小图标，分别代表绘制物体的轮廓线颜色和填充色。它们下面各有一个色块，如果希望更改颜色，可以单击色块，弹出"颜色调节器"面板，单击所需的颜色。如果希望没有轮廓线或没有填充色，可以单击"颜色调节器"面板右上角的有红色斜线的白色方块图标，将颜色设置为"无"。

将轮廓线颜色设置为黑色，填充色颜色设置为"无"，这样所绘制的圆形就只有黑色的轮廓线，而没有填充色了，如图 1-17 所示。

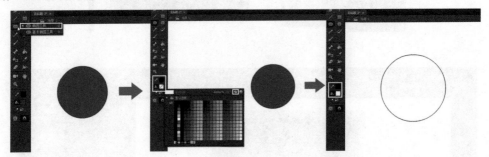

图 1-17

（2）在工具栏中单击选择工具，然后将鼠标指针移至已经绘制好的圆形轮廓线的右下方，等鼠标指针的右下角出现圆弧线时，按住鼠标左键拖曳轮廓线，会看到圆形凸出了一部分。继续使用选择工具，调整圆形轮廓线的其他部分，使形状更像小狗的头部，如图 1-18 所示。

（3）使用椭圆工具，在小狗的头部绘制眼睛的黑圈，再使用移动工具将其移至合适的位置。

下面开始介绍在 Animate 中复制物体的方法。

选中刚才绘制的圆形，按 Ctrl+D 组合键，复制出一个同样的圆形，该操作可以同时完成"复制""粘贴"两项操作。选中刚复制的圆形，单击工具栏中的任意变形工具，会看到所选中的圆形周围出现了一个调节框，该调节框上有八个点。将鼠标指针放在调节框的角上，则鼠标指针变为一条两边都有箭头的斜线，拖曳鼠标就可以将圆形放大或缩小。将圆形缩放为眼睛大小，并放在合适的位置。

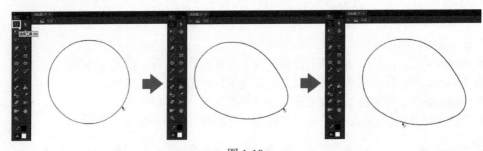

图 1-18

接下来，复制另外一只眼睛，我们可以尝试另外一种复制物体的方法。选中代表眼睛的小圆形，按住 Alt 键不放并按住鼠标左键进行拖曳，将小圆形移至另外一只眼睛应放置的位置，释放 Alt 键和鼠标左键，这样就完成了眼睛的复制操作，如图 1-19 所示。

（4）使用椭圆工具，绘制小狗的鼻子。如果要调整鼻子的位置，单击代表鼻子的圆形，会发现只能选中其中一部分，这是因为该圆形被头部的轮廓线分成了两部分。

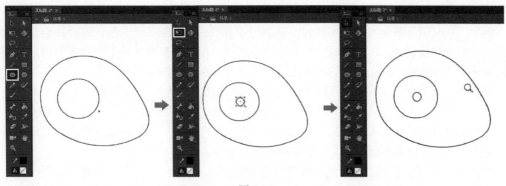

图 1-19

解决办法有两种：第一种方法，按 Ctrl+Z 组合键，撤销上一步所绘制的圆形，然后重新绘制鼻子；第二种方法，按 Shift 键，将已被头部分成两部分的圆弧线都选中，再使用选择工具调整位置。

绘制完鼻子后，使用选择工具选中原属于头部且与鼻子内部重叠的那部分圆弧线，按 Delete键将这部分多余的线删除，如图 1-20 所示。

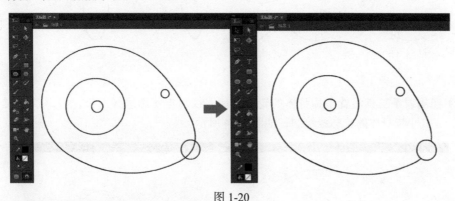

图 1-20

1.5.2　线的绘制——线条工具

（1）使用线条工具沿着小狗的背部绘制一条直线，然后单击选择工具，将鼠标指针移至背部的直线上，等鼠标指针的右下角出现圆弧线时，按住鼠标左键将直线向上拖曳，会看到直线变成了曲线，如图 1-21 所示。

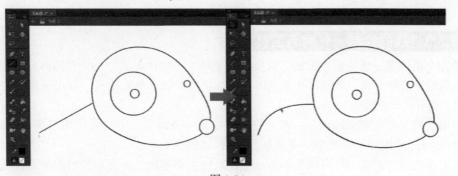

图 1-21

该方法是常用的绘制轮廓线的方法，但有两处难点需要注意：一是辨识曲线的数量，二是辨识曲线的弧度。

①辨识曲线的数量。在绘制图形时，很多初学者对"尽量绘制细致"这一要求理解不准确。例如，有时用一条曲线即可实现的，有的初学者用两条甚至多条曲线，这样做会使结果适得其反，因为曲线越多，所绘制的圆弧部分越不平滑。但是在某些环境下，曲线太少，绘制的圆弧部分却又不细致，因此，我们要将曲线的数量控制在合适的范围内。

辨识曲线数量的主要依据是判断曲线有几处圆弧部分。例如，如图 1-22 所示，图中最右侧的曲线虽然看上去是连续的，但是它有三处圆弧部分，故需要绘制三条直线才能变换获得。

②辨识曲线的弧度。Animate 中所绘制的曲线存在特殊性，一条曲线能够达到的弧度通常有一定限制，需要读者有所了解，以便绘图时得心应手。

如图 1-23 所示，三张子图中的曲线均只有一处圆弧部分，（a）子图中的曲线使用一条直线变换获得，（b）子图中的曲线使用两条直线变换获得，（a）子图与（b）子图所得到的曲线效果很一般。若改用（c）子图中的方案，使用三条直线变换得到曲线，便能达到令人满意的效果。

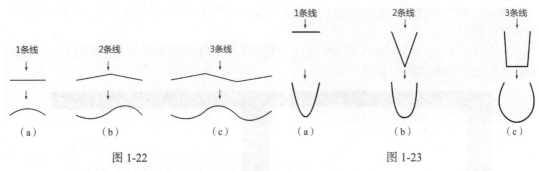

图 1-22   图 1-23

（2）使用线条工具沿着小狗身体的轮廓绘制直线，再使用选择工具，将每条直线逐一调整变换，完成小狗身体的轮廓线绘制，如图 1-24 所示。

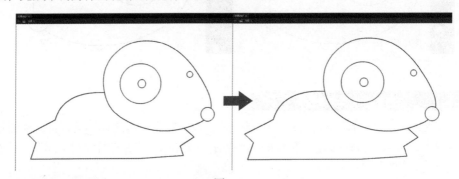

图 1-24

1.5.3 线的绘制——钢笔工具

首先介绍钢笔工具的使用方法。选择钢笔工具，在舞台中单击，会看到两点连为一条直线。如果希望绘制曲线，则可以在单击时，按住鼠标左键不放并拖曳，则出现曲线的调节杠杆，用于调节曲线的弧度。

使用钢笔工具绘制曲线时，一般用三个点绘制一条曲线，中间的点用于调节曲线弧度。而绘制直线时，则用两个点绘制一条直线，如图 1-25 所示。

在工具栏中的钢笔工具图标上单击后按住鼠标左键不放，会看到弹出的浮动面板中还有另外几个隐藏命令，分别如下。

添加锚点工具：该工具可以添加曲线上的点。使用时，选择该工具，鼠标指针变为右下角带加号的钢笔头，这时可将鼠标指针移至曲线上要增加点的位置，然后单击，即可生成新的控制点。

图 1-25

删除锚点工具：该工具可以删除曲线上的点。使用时，选择该工具，鼠标指针变为右下角带减号的钢笔头，这时可将鼠标指针移至曲线上要删除点的位置，然后单击，即可将该控制点删除。

转换锚点工具：该工具可以将控制点在直线和曲线两种模式间进行转换。使用时，选择该工具，单击要转换的控制点，即可完成转换。如果单击有调节杠杆的曲线上的点，则该点立刻变为直角，同时曲线变为直线；如果单击直线上的点，则需要按住鼠标左键不放，进行拖曳，即可拖出曲线调节杠杆，该线将变为曲线。

接下来绘制小狗的耳朵部分。

（1）使用钢笔工具绘制，选取第一点，在耳朵与身体的交接处单击；选取第二点，在耳朵的顶部单击，然后拖曳出曲线；选取第三点，在另一只耳朵与身体的交接处单击。

如果觉得曲线部分绘制得不理想，可以选择工具栏中的部分选取工具，先单击该曲线，会显示所有的控制点，然后单击需要修改的控制点，则会出现曲线调节杠杆，最后进行调整即可，如图 1-26 所示。

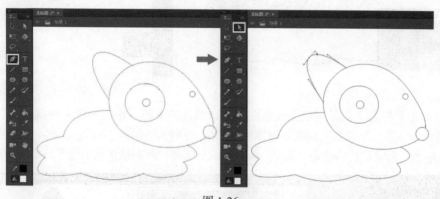

图 1-26

（2）使用同样的方法，绘制小狗的另一只耳朵，如图 1-27 所示。

（3）使用钢笔工具绘制小狗的尾巴，由于尾巴的形状比较特殊，故需要选取五个点，其中，中间部分的三个控制点都要使用曲线调节杠杆进行调整，如图 1-28 所示。

图 1-27　　　　　　　　　　　　　　　　图 1-28

至此，小狗的所有轮廓线都已绘制完毕了。

 1.5.4 填充颜色——颜料桶工具

接下来为小狗填充颜色。

（1）单击工具栏中的颜料桶工具，再单击工具栏下方的填充色小色块，弹出"颜色调节器"面板，从中选择一款颜色，然后单击小狗的头部，会看到小狗头部被填充了颜色，如图 1-29 所示。

如果无法填充颜色，可能是轮廓线没有完全封闭，需要仔细检查线与线之间是否连接，如果发现存在未连接的线，可以使用选择工具将线的端点拖到另一根线上，使它们相连。

若仔细检查后依然没有发现断线位置，则可能存在缝隙，这时应当选择颜料桶工具，并单击工具栏最下面的"空隙大小"，在弹出的浮动面板中选择"封闭大空隙"，然后实施填充操作即可，如图 1-30 所示。

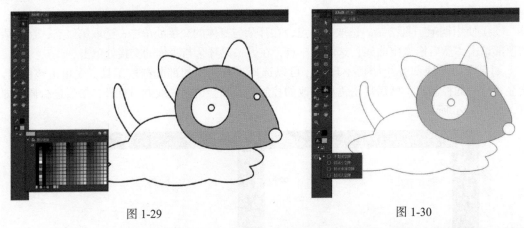

图 1-29   图 1-30

（2）为小狗的各部位分别填充颜色。如果"颜色调节器"面板里没有需要的颜色，可以单击"颜色调节器"面板右上角的色盘图标，弹出"颜色选择器"对话框，该对话框可供用户自由调整颜色，选定颜色后单击"确定"按钮，就可以使用颜料桶工具填充了，如图 1-31 所示。

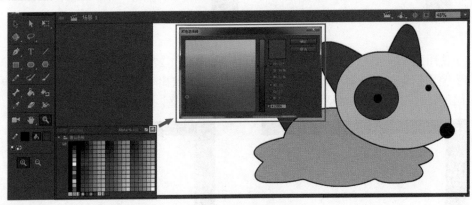

图 1-31

 1.5.5 修改颜色——滴管工具和颜色面板

如果想修改小狗当前的填充颜色，可选择以下四种方法。

（1）使用滴管工具吸取颜色。在没有选择任何物体的情况下，在工具栏中选择滴管工具，然后鼠标指针会变为一个小吸管，可以在图中的任何位置单击，吸取颜色。吸取颜色后，鼠标指针会自动切换为颜料桶工具，单击舞台中相应的色块即可修改填充颜色。

　　此外，还可以先选中需要修改颜色的色块，然后再使用滴管工具吸取颜色，则会看到被选中的色块直接变为吸取的颜色了，如图 1-32 所示。

　　（2）使用颜料桶工具修改。在没有选择任何物体的情况下，单击工具栏下方的填充色小色块，弹出"颜色调节器"面板，从中选择任意一款颜色，然后单击工具栏中的颜料桶工具，再单击舞台中相应的色块即可修改填充颜色。

　　（3）直接使用"颜色调节器"面板修改。先选中需要修改颜色的色块，再单击工具栏下方的填充色小色块，弹出"颜色调节器"面板，从中选择任意一款颜色，则会看到被选中的色块已经变为刚选择的这款颜色了。

　　（4）直接使用"颜色"面板修改。先选中需要修改颜色的色块，在面板组中找到"颜色"面板的相应图标，单击展开"颜色"面板，然后直接调整颜色，则会发现被选中的色块实时显示调整的颜色，如图 1-33 所示。

图 1-32

图 1-33

1.5.6　轮廓线——墨水瓶工具

现在小狗的轮廓线是黑色，并且笔触高度（笔触高度是 Animate 中的专有名称，实际指线条的粗细值）为 1，该值为 Animate 中轮廓线的默认值，如果要调整笔触高度，可按照如下步骤操作。

　　（1）选择需要修改的轮廓线。在 Animate 中，如果只单击轮廓线，则只能选中其中的一段，即两点之间的那条线段。如果希望整体选中，则可以双击轮廓线。这样，相互连接的颜色、笔触高度等属性都一样的轮廓线，就可以被整体选中。

　　如果要将所有轮廓线调整一致，也可以框选相应物体，这样即使也选中了色块，调整轮廓线属性时，也不会对这些色块产生影响。

　　（2）调整轮廓线的颜色。选中需要调整的轮廓线，单击工具栏下方的笔触颜色小色块，在弹出的"颜色调节器"面板中选择一款颜色，则会看到被选中的轮廓线已经变为当前选择的这款颜色了，如图 1-34 所示。

　　（3）调节轮廓线的粗细。选中需要调整的轮廓线，在面板组中单击"属性"面板的图标，展开"属性"面板，调整"笔触高度"参数值，则会看到轮廓线的粗细程度发生了变化，如图 1-35 所示。

　　（4）如果想去掉轮廓线，可以选中所有的轮廓线，然后按 Delete 键删除，如图 1-36 所示。

　　（5）去掉轮廓线也可以使用橡皮擦工具。在工具栏中选择橡皮擦工具，单击工具栏下方的"橡皮擦模式"图标，在弹出的菜单中选择"擦除线条"模式，再到舞台中擦除线条，则会看到只有线条被擦掉了，而色块还被保留着。如果希望只擦除色块而保留轮廓线，可以选择

"擦除填色"模式，如图 1-37 所示。

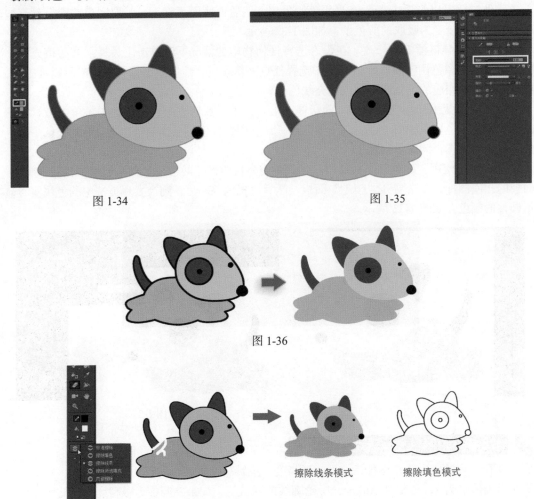

图 1-34　　　　　　　　　　　　　　　图 1-35

图 1-36

图 1-37

（6）如果希望给没有轮廓线的物体添加轮廓线，则需要使用工具栏中的墨水瓶工具，该工具有以下两种操作方法。

①逐段添加轮廓线：选择工具栏中的墨水瓶工具，在色块的边缘单击，则沿着该色块添加轮廓线，而轮廓线在其他色块的连接处终止。

②整块添加轮廓线：选择工具栏中的墨水瓶工具，在色块的内部单击，则给该色块整体添加轮廓线，如图 1-38 所示。

逐段添加轮廓线　　　　　　　　　　　整块添加轮廓线

图 1-38

1.5.7　调整及输出——任意变形工具

（1）全部绘制完成后，可以对物体进行部分调整。框选小狗，再单击工具栏上的任意变形工具，会看到小狗的周围出现了一个有八个点的调节框。任意变形工具有四种调整方式，分别是移动、旋转、放缩和斜切，如图 1-39 所示。

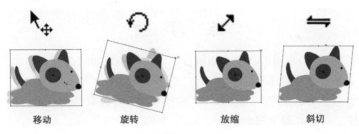

图 1-39

移动：将鼠标指针放在调节框中间的物体上，鼠标指针的右下方出现一个十字形，拖曳鼠标即可进行移动。

旋转：将鼠标指针放在调节框某个角的外围，这时鼠标指针变成一个旋转的箭头，拖曳鼠标即可对物体进行旋转。每按一次 Shift 键可以旋转 45°。

放缩：将鼠标指针放在调节框的任意边角上，这时鼠标指针变成一个倾斜的双箭头，拖曳鼠标即可对物体进行放缩。按 Shift 键可以等比例缩放。

斜切：将鼠标指针放在调节框的线上，这时鼠标指针会变成两个方向相反的箭头，拖曳鼠标即可对物体进行斜切操作。

（2）绘制完毕后，需要进行最终的输出操作。执行菜单命令"文件"→"导出"→"导出图像"，在弹出的对话框中会显示保存类型的下拉菜单，如图 1-40 所示。

图 1-40

保存类型中，图片格式除 Animate 本身的 SWF 格式外，最常用的为 JPG 和 PNG 格式。

JPG 格式的优点是压缩比率高，往往在同等的质量下，JPG 格式的图片体积最小，适合在网络上发布和传播。而它的缺点也基于此，图片压缩后就会有些许失真。

PNG 格式的优点是图片具有透明性，即可以输出透明背景的图片，这样便于再次编辑图片。

选择好保存类型，输入文件名之后，单击"保存"按钮即可。

本 章 小 结

本章主要介绍了 Animate 的基础操作和绘图流程，在实际的 Animate 绘图过程中，最常用的还是线条工具配合选择工具绘制轮廓线，再使用油漆桶工具填充颜色，这在很多企业中已经成为操作惯例，因此读者在学习本章时，要对 1.5 节的内容熟练掌握。

除此之外，在制作过程中，手形工具和缩放工具的使用频率也很高，读者需要对这两个工具的快捷方式熟练掌握。

本例的源文件可参考配套资源中的"01-02- 小狗 .fla"。

练 习 题

1. 熟练掌握工具栏中常用工具的快捷键，以下为必须掌握的内容。

①手形工具：按住空格键不松手。

②缩放工具：按住 Ctrl 键的同时再按 +（加号）键，可以对舞台放大；按住 Ctrl 键的同时再按 –（减号）键，可以对舞台缩小。

③线条工具：N 键。

④选择工具：V 键。

⑤颜料桶工具：K 键。

⑥任意变形工具：Q 键。

⑦复制物体：选中物体，按 Ctrl+D 组合键，或者按住 Alt 键的同时移动物体。

2. 使用线条工具配合选择工具绘制轮廓线，再使用油漆桶工具填充颜色，绘制小狗跳跃的每个姿势，可以打开配套资源中的"01-05- 小狗 .fla"，参照图 1-41 进行绘制。

图 1-41

第 2 章

Animate 图层绘制应用实例

2.1　Animate 图层面板概述

图层是什么？这是很多设计软件初学者必须面对的问题。

打个比方，每个图层就像一块透明的"玻璃"，而图层内容就画在这些"玻璃"上。如果"玻璃"什么都没有，就是完全透明的空图层；而当每块"玻璃"都有图像时，我们自上而下俯视所有图层，这些图层内容相互叠加，从而形成最终的图像效果。

我们再来举例说明，比如在纸上画一个人脸，先画脸庞，再画眼睛和鼻子，最后画嘴巴。画完后，假如发现眼睛的位置画歪了，那么只能把眼睛擦掉重新绘制，并且还要对脸庞进行相应的修补。这种做法当然很不方便，在设计过程中也会遇到类似的情况，因为很少有一次成型的作品，设计师通常要对作品进行若干次修改才得到比较满意的效果。

那么想象一下，假如不在纸上绘制整个人脸图案，而是先在纸上铺一层透明塑料薄膜，并在薄膜上绘制脸庞；然后在第一层薄膜之上铺第二层透明塑料薄膜，并在薄膜上绘制眼睛；之后在第二层薄膜之上铺第三层透明塑料薄膜，并在薄膜上绘制鼻子；最后在第三层薄膜之上铺第四层透明塑料薄膜，并在薄膜上绘制嘴巴，这样就构成了一组分层绘制的作品。

分层绘制的作品具有很强的可修改性。例如，假设眼睛的位置画得不准确，可以单独移动眼睛所在的那层薄膜进行修改，甚至可以把这层薄膜丢弃后换一层新薄膜再重新绘制眼睛。这样做，可以保证其余的脸庞、鼻子、嘴巴部分不受影响，因为它们画在不同层的薄膜上。这种方式极大地方便了后期的修改操作，最大化地避免了重复劳动。

图层在设计软件中的应用已经非常普遍，同样，Animate 也不例外。

2.1.1　图层面板的基本操作

Animate 中的图层面板指的是时间轴面板，和其他软件有所不同，Animate 的图层不仅能放置绘制的图形，还可以放置声音文件，甚至包括 ActionScript，如图 2-1 所示。

图 2-1

（1）在图层面板中，基本操作包括创建图层、删除图层以及调整图层位置。

①创建图层。在时间轴面板的左下方有"新建图层"按钮，单击该按钮即可创建一个新的空图层，如图2-2所示。

②删除图层。在时间轴面板的左下方有一个垃圾桶图案的小图标，即"删除图层"按钮，选中需要删除的图层，单击"删除图层"按钮，该图层就会被删除。还有一种删除图层的方法，就是在选中的图层上右击，在弹出的菜单中选择"删除图层"命令，如图2-3所示。

③调整图层位置。选中需要调整位置的图层，按住鼠标左键不放，将其向上或向下拖到合适的位置，再放开鼠标左键即可，如图2-4所示。

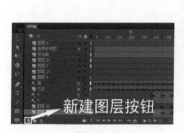

图2-2 　　　　　　　　　　图2-3 　　　　　　　　　　图2-4

（2）在"新建图层"按钮和"删除图层"按钮之间，有一个文件夹小图标，即"创建文件夹"按钮。单击该按钮即可创建一个图层文件夹，将需要放入图层文件夹的图层选中，并将其拖入文件夹中即可。单击文件夹前面的三角形小图标，可以使文件夹展开或折叠，以便对图层进行管理，如图2-5所示。

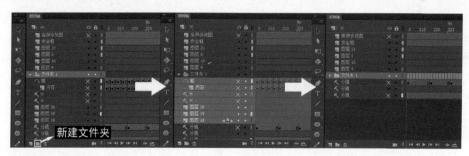

图2-5

（3）在时间轴面板的上面，有三个小图标，如图2-6所示，含义分别如下。

①眼睛图标，其功能为"显示或隐藏所有图层"，单击则将所有图层隐藏，即舞台上将看不到这些图层上面的物体，再单击则取消隐藏。

②锁形图标，其功能为"锁定或解除锁定所有图层"，单击则锁定图层，即无法对图层进行编辑，再单击则取消锁定。

③方形图标，其功能为"将所有图层显示为轮廓"，单击则所有图层的色块全部消失，只能显示轮廓线，再单击则恢复正常。

每个图层后面也有这三个图标，可以针对每个图层进行隐藏、锁定和显示轮廓操作。

（4）右击任意图层，在弹出的菜单中选择"属性"命令，弹出图层的"属性"面板，其中包括五种不同的图层类型，分别是"一般""遮罩层""被遮罩""文件夹""引导层"，如图2-7所示。

①"一般"指该图层为普通图层，也是图层的默认状态。

②"遮罩层"是一种特殊的图层模式，遮罩层中的对象被看作是透明的，其下被遮罩的

对象在遮罩层对象的轮廓范围内可以正常显示。遮罩也是 Animate 中常用的一种技术，用它可以产生一些特殊的效果（如探照灯效果）。

图 2-6

图 2-7

③ "被遮罩"指该图层受到某遮罩层的影响，该项在当前图层的上一层为遮罩层或被遮罩层时才有效。

④ "文件夹"指该图层为图层文件夹。

⑤ "引导层"的作用为辅助其他图层对象的运动或定位，为其他图层的某物体绘制运动轨迹。例如，绘制一颗"球"，并为它指定运动轨迹。

2.1.2　图层在绘图操作中的重要性

（1）分图层绘制可以避免图形之间相互干扰。先来了解一个 Animate 绘图过程中的现象。首先，绘制两个图形，分别为一个方形和一个圆形，然后将两者重叠在一起，放置在同一个图层中。然后，将圆形移开，会发现方形缺少了交叉的那部分，如图 2-8 所示，这是由 Animate 的软件特性引起的。

解决的办法有很多种，比如将两个图形构成群组或者分别设为元件。此外，还可以用图层的方式解决，即将两个图形放在不同的图层中，这样把两个图形重叠后再分离，就不会出现图形缺失的现象了，如图 2-9 所示。

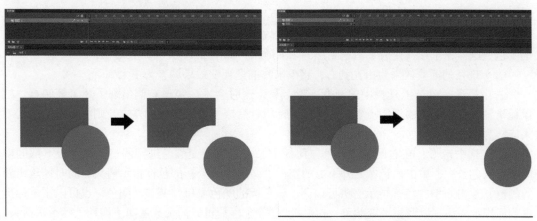

图 2-8　　　　　　　　　　　　　　　　图 2-9

（2）分图层绘制有利于管理。例如，如果在同一图层中绘制了一个复杂的角色（在动画片中，角色默认指人物，特殊情况会单独说明），则不便于单独选中并修改角色的某处身体部位。此外，在绘制角色的正面形象时，通常画完一条腿或手臂后，另一边可以通过复制来完成，这些操作都需要提前进行分图层绘制。

因此，在绘制角色时，其头部、眼睛、嘴巴、手臂、腿等需要活动的部位，都应单独放在不同的图层中，如图 2-10 所示为一个分图层绘制的角色，她的头部、眼睛、嘴巴、左臂、右臂、身体、左腿、右腿都放在不同的图层中；在绘制场景时，近、中、远三种景别中的物体也要分图层绘制。

图 2-10

在制作任何项目前，都必须由项目总监或组长规定分图层绘制的原则，然后，所有设计师都要按照该原则进行绘制，这样在保证统一的前提下，制作流程才能更加高效、快捷。

需要注意，单击图层的名称，就可以选中该图层中的所有物体，双击图层的名称，就可以重命名图层。

2.2 示范实例——绘制石膏几何体

学习美术课程时，一般从画石膏几何体入手。本节也以绘制石膏几何体为例，介绍在 Animate 中如何进行绘图操作。

（1）新建一个文件，单击工具栏中的矩形工具，然后绘制一个覆盖整个舞台的矩形，选中矩形，再单击工具栏中油漆桶图标旁边的色块，在弹出的颜色选择框中，单击左下角的黑白渐变色，这样，矩形就变成了由白到黑的渐变效果，如图 2-11 所示。

（2）现在的渐变效果为由左到右，接下来我们把渐变效果调整为由上到下。

选中矩形，单击工具栏中的渐变变形工具，这时会发现矩形右侧出现了几个控制点。把鼠标指针放在右上方的控制点上，会看到鼠标指针变成了旋转图标的样式，则将矩形的渐变效果旋转为由上到下，如图 2-12 所示。

（3）选中矩形，在右侧的"颜色"面板中，可以对渐变颜色进行调整。在面板下部的横向渐变颜色条中，单击该色条之外下方的空白处会增加一个新的色标指示箭头，同时创建出新的颜色；双击新增的色标指示箭头可以调出该色标的颜色窗口并调整其颜色，也可以用鼠标拖曳色标指示箭头，以调整渐变颜色；如果需要删除色标，可以向上或者向下拖动色标指示箭头，直至该色标消失。按照如图 2-13 所示的样式调整渐变效果，营造出空间感。

（4）接下来绘制几何体，这一步需要用到图层。新建一个图层，双击图层名，将图层重命名为"立方体"，然后在该图层中，使用矩形工具并配合 Shift 键，在舞台上绘制一个正方形，颜色设置为纯白色，如图 2-14 所示。

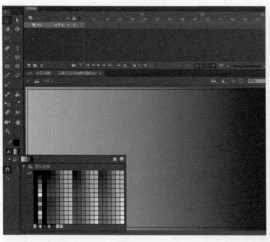

图 2-11

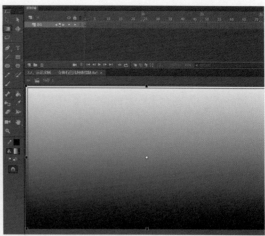

图 2-12

图 2-13

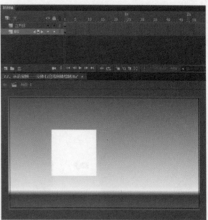

图 2-14

（5）使用工具栏中的线条工具绘制立方体的其他两个面，注意透视关系，如图 2-15 所示。

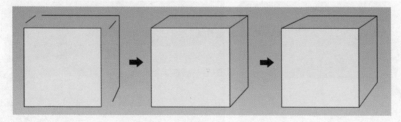

图 2-15

（6）调整立方体的形状，并给其他两个面添加颜色，如图 2-16 所示。

（7）新建"球体"图层，在该图层中使用椭圆工具绘制一个圆形，如图 2-17 所示。

（8）在"颜色"面板中设置渐变类型为"径向渐变"，形成从中间向外扩散的渐变颜色效果；再使用工具栏中的渐变变形工具，调整明暗位置；最后调整渐变色条，按照图 2-18 调整球体的明暗效果。

（9）用同样的方法，调整立方体三个面的渐变颜色，制作立方体的明暗效果，如图 2-19 所示。

（10）新建"球体阴影"图层，绘制一个圆形，在"颜色"面板中设置渐变类型为"径向渐变",在下面的横向渐变色条中,单击最外面的色标指示箭头,将"A"参数值设置为"77%"(A 即 Alpha,表示透明度),这样就形成了由内到外逐渐消失的晕染效果,如图 2-20 所示。

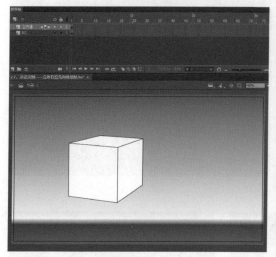

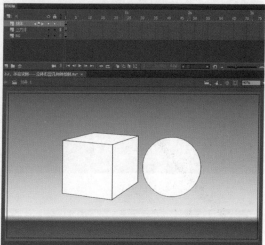

图 2-16   图 2-17

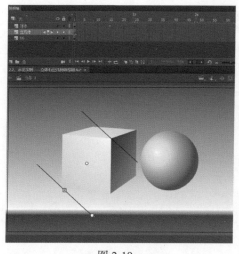

图 2-18

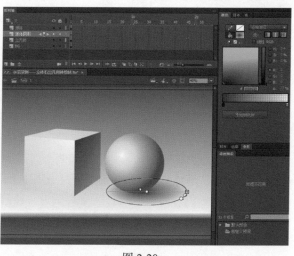

图 2-19   图 2-20

(11)新建"立方体阴影"图层,用同样的方法制作立方体的阴影效果,如图 2-21 所示。最终的效果如图 2-22 所示。

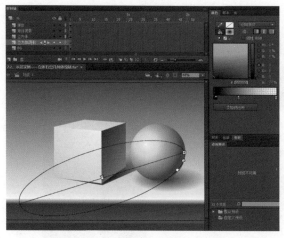
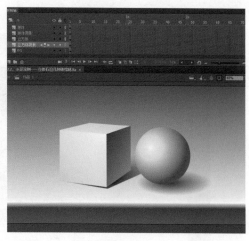

图 2-21　　　　　　　　　　　　　　　　　　　　图 2-22

本例的源文件可参考配套资源中的"02-01- 立体石膏几何体绘制 .fla"。

2.3　示范实例——绘制薯条

视频
教程

在本节的实例中，将介绍另外一种方法——"对象绘制"，本例的最终效果如图 2-23 所示。

图 2-23

2.3.1　"对象绘制"模式概述

在 Animate 中采用"对象绘制"模式绘制的图形，在叠加时不会自动合并，而是相互独立的，即每个图形可以创建为单独的对象。这样，在分离或重新排列图形时，也不会改变各自的外观。

在"对象绘制"模式下，使用绘画工具创建的图形为自包含图形，图形的笔触和填充不是单独的元素，各图形重叠后也不会相互影响，并且会在图形周围显示控制点来标识。如图 2-24 所示，左图为正常情况下绘制的图形，右图为"对象绘制"模式下绘制的图形。

在 Animate 的工具栏中，只有钢笔工具、线条工具、矩形工具、椭圆工具、多角星形工具、铅笔工具和画笔工具可以使用"对象绘制"模式。绘制前，先选择上述工具中的一种，然后在工具栏中单击"对象绘制"

图 2-24

按钮，使该按钮处于被激活状态，然后再到舞台中进行绘制，这时绘制的图形即为"绘制对象"，如图 2-25 所示。

如果需要将常规图形转换为"对象绘制"模式下的图形，可以执行菜单命令"修改"→"合并对象"→"联合"进行转换。

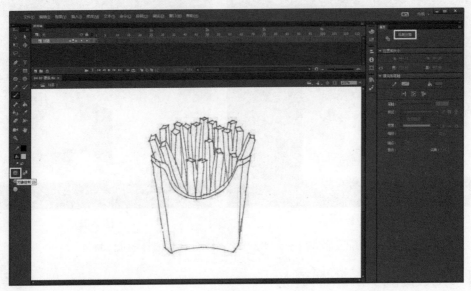

图 2-25

2.3.2 绘制薯条盒

（1）打开配套资源中的"02-02- 薯条 - 素材 .fla"，会看到舞台中有一张绘制好的薯条盒草稿图，这张图被单独放在"线稿"图层中，如图 2-26 所示。

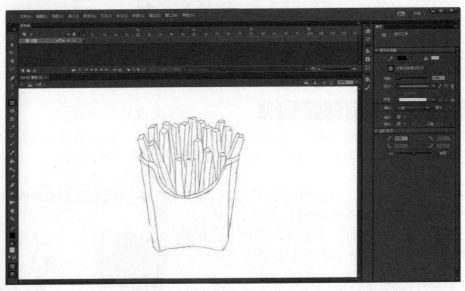

图 2-26

（2）在时间轴里的"线稿"图层之上新建"薯条盒"图层，用于绘制薯条盒。单击"薯条盒"图层，使它处于被选中状态（图层名的底色变为黄色）。单击工具栏中的矩形工具，再单击工具栏中的"对象绘制"按钮，在舞台中绘制一个矩形；矩形绘制完成后，使用工具栏中的选择工具调整矩形四个顶点的位置；接下来，将鼠标指针移至薯条盒上部水平直线的一端（距离顶点较近的位置），然后按住 Alt 键单击添加控制点，用鼠标拖曳该控制点使其成为直线的拐点，按照此方法操作，继续添加其他三个拐点，如图 2-27 所示。

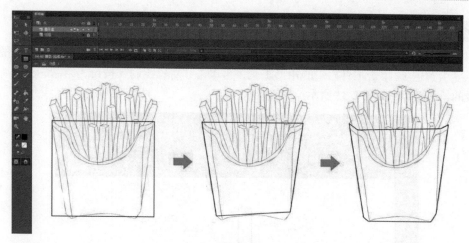

图 2-27

（3）将鼠标指针移至薯条盒上部水平直线的中部，按住 Alt 键单击添加控制点，使用工具栏中的选择工具，使鼠标指针变成曲线调整状态，拖曳鼠标将直线调整为曲线，按照此方法，对薯条盒下部的水平直线也进行处理，绘制出薯条盒的形状，如图 2-28 所示。

（4）双击薯条盒轮廓线，使用选择工具，按住 Shift 键不松手，用鼠标依次选中薯条盒最上面的直线及曲线，再按住 Alt 键不放并用鼠标拖曳所选物体，即可复制这些直线与曲线，将所复制的直线与曲线向下移动，并调整好位置，作为薯条盒的浅色区域，如图 2-29 所示。

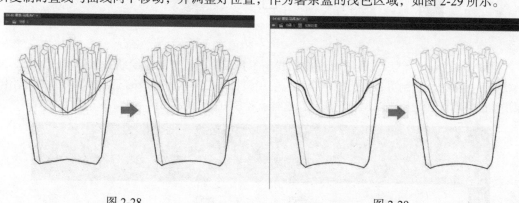

图 2-28　　　　　　　　　　　　　　　　　　　　图 2-29

（5）单击工具栏中的线条工具，并再次单击"对象绘制"按钮，使其处于关闭状态。在左右两侧各增加一条直线，构造出薯条盒左右两侧的立面。然后使用工具栏中的颜料桶工具，为薯条盒各部分添加颜色，最后，选中所有的黑色轮廓线并删除，效果如图 2-30 所示。

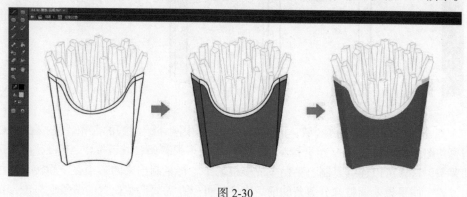

图 2-30

2.3.3 绘制薯条

（1）在时间轴里的"薯条盒"图层之下新建"薯条"图层。选中"薯条"图层（图层名的底色变为黄色）。单击工具栏中的矩形工具，再单击"对象绘制"按钮，绘制一个只有黑色轮廓线的长条矩形，如图2-31所示。

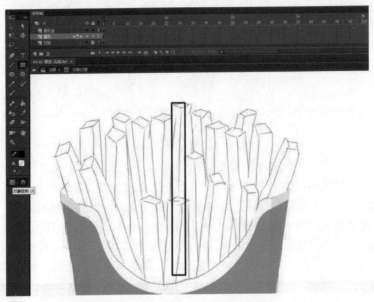

图 2-31

（2）双击矩形，然后单击工具栏中的线条工具，再单击"对象绘制"按钮，使其处于关闭状态，接下来，绘制薯条的另外两个面，使用颜料桶工具，为薯条的三个部分分别添加不同深浅度的黄颜色，最后删除黑色轮廓线。这样就绘制好了一根薯条，如图2-32所示。

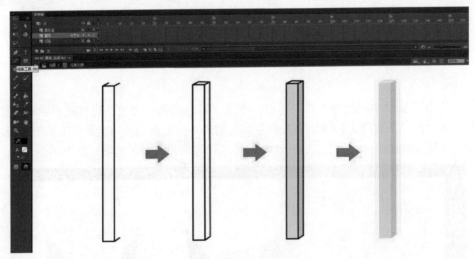

图 2-32

（3）双击薯条旁边的空白区域，回到舞台中，选中刚才绘制好的薯条，先按Ctrl+C组合键复制薯条图形，再按Ctrl+V组合键粘贴，即可生成多根薯条；或者按住Alt键，使用选择工具移动薯条，这样可以连续复制、粘贴生成多根薯条。将复制出来的薯条逐一旋转，并移动到合适的位置。如果想要调整部分薯条的前后次序，可以在需要调整位置的薯条上右击，在弹出

的菜单里选择"排列"→"上移一层"或
"下移一层"命令进行调整；也可以选中薯
条后，按 Ctrl+↑（上箭头）组合键或者
Ctrl+↓（下箭头）组合键调整，如图 2-33
所示。

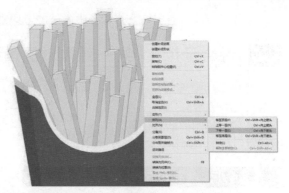

图 2-33

（4）在时间轴里的"薯条"图层之下
新建"薯条盒 - 后"图层，在该图层绘制一
个扇形的色块（填充色为深灰色），使其左
右两边与薯条盒对齐，作为薯条盒后部内
侧的区域，如图 2-34 所示。

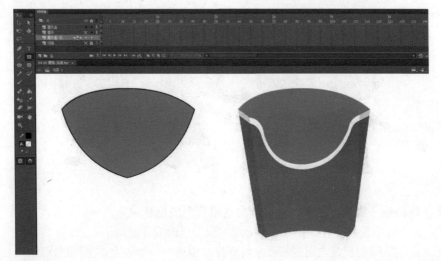

图 2-34

（5）在时间轴里的"薯条盒 - 后"图层之下新建"阴影"图层。使用工具栏中的椭圆工
具在该图层中绘制整个薯条盒的阴影，并使用油漆桶工具填充透明度为"20%"的黑色，如
图 2-35 所示。

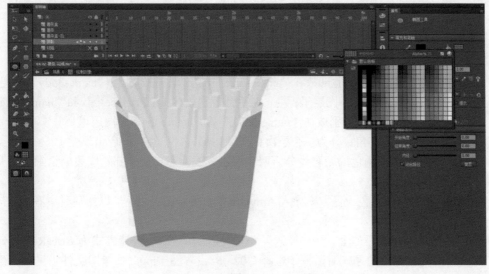

图 2-35

本例的源文件可参考配套资源中的"02-02- 薯条 - 完成 .fla"。

2.4 综合示范实例——绘制动画角色 Angie

在创作动画角色时，中外动画设计师的设计思路有很多不同之处，扫一扫旁边的二维码，了解背后的故事。

本例所绘制的动画角色名叫 Angie，她是一个活泼、开朗、时尚的美国女孩，读者们可以根据上述信息适当发挥创作。

2.4.1 绘制前的分析和准备工作

本例是一个真实的商业案例，角色设置人员先绘制出角色方案，再将其导入 Animate 中进行精细刻画。先来看一下这组角色的最初方案，如图 2-36 所示。

图 2-36

对角色的最初方案进行分析，可以看出这组角色的设置风格统一，但是严重缺乏细节和层次关系。这里需要提醒读者，在 Animate 中刻画角色时要注意以下几点。

- 受光面、中间面和背光面这三者之间要拉开距离，以增强立体感和层次感。
- 尽可能添加更多细节。例如，当前角色的头发部分绘制很粗糙，需要精细刻画，以提高角色的精致度。
- 注意不同质感的表现效果。例如，皮肤和衣服的质感不同，刻画时要注意各自的特点。

另外，如果考虑整个动画制作的流程，还应该在绘制时注意分图层，因此就要分析角色的哪些部位需要活动。例如，眼睛需要进行眨眼动作，故眼睛要单独分图层，此外，身体和四肢也要单独分图层。

在绘制之前，动画设计组的组长应列出绘制要求，以便所有设计师在绘制时能够统一标准。下面介绍一个绘制要求的示例。

- 分图层的要求：角色的脸部放在"name-face"图层里；身体放在"name-body"图层里；眼睛放在"name-eyes"图层里；左、右手臂分别放在"name-face-L"和"name-face-R"图层里；左、右腿部分别放在"name-leg-L"和"name-leg-R"图层里。
- 绘制层次的要求：角色分为三个层次，即"亮部""中间部""暗部"。
- 轮廓线的要求：角色的轮廓线分为两个层次，要注意，最外部轮廓线的粗细程度是内部轮廓线的两倍。

绘制时，可以将该角色设置方案导入 Animate 中，置于图层之下，以便随时参考，具体操作步骤如下。

（1）执行菜单命令"文件"→"导入"→"导入到舞台"（快捷方式为 Ctrl+R 组合键），如图 2-37 所示，在弹出的导入对话框中选择"02-06- 设置图 1.jpg"参考图文件（见本书配套资源），单击"打开"按钮，完成参考图的导入操作，这时会看到该图已经出现在舞台中了。

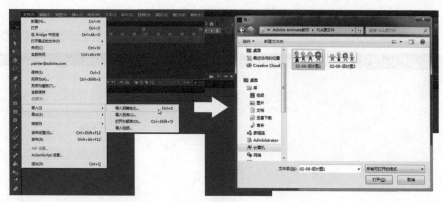

图 2-37

（2）因为导入的参考图比较大，故将其选中，按 Q 键切换到任意变形工具，将参考图缩小一些，和舞台大小保持一致，如图 2-38 所示。

（3）在时间轴面板中，单击参考图所在图层的锁定图标，使参考图所在图层处于被锁定状态，这样参考图就不会被选中，并且在绘图过程中也不会被移动或者误操作，如图 2-39 所示。

图 2-38

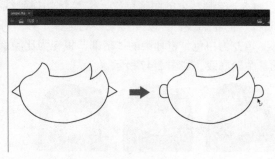

图 2-39

提示： 在接下来的章节中，为了保障软件的截图效果，故将参考图层隐藏，此处建议读者显示参考图层，以便进行绘制操作。

2.4.2　头部的精细绘制

（1）在时间轴里的"参考图"图层之上新建"头部"图层。

先绘制脸部的轮廓线。按 N 键切换到线条工具，按照脸部的大致轮廓绘制直线。绘制完成后按 V 键切换到选择工具，再将直线逐段调整为曲线，如图 2-40 所示。

（2）继续使用线条工具和选择工具，绘制两只耳朵的轮廓线，如图 2-41 所示。

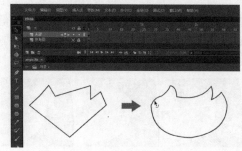

图 2-40

图 2-41

（3）按照上述方法，绘制头发部分，如图 2-42 所示。

（4）按照图 2-43 所示的位置，绘制三条阴影线并适当调整，以便接下来填充颜色。

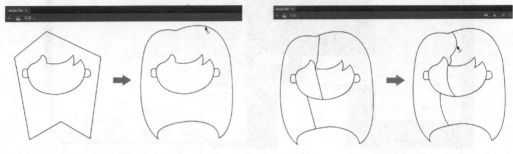

图 2-42   图 2-43

（5）按 K 键，使用颜料桶工具，为头部填充颜色。为了让绘制的角色的填充色与参考图中的一致，可以使用吸管工具选取参考图中角色的头部颜色，为"头部"图层中相应部位进行填充，填充颜色后需要把之前绘制的阴影线删除，如图 2-44 所示。

（6）绘制细节部分，先绘制头发在脸部的投影。按 N 键切换到线条工具，在额头处的头发下沿绘制若干直线，按 V 键切换到选择工具，将直线逐段调整为曲线，形成头发在脸部的投影区域，按照参考图，将其填充为阴影部分的颜色，最后，将之前绘制的头发下沿的黑色曲线删除，如图 2-45 所示。

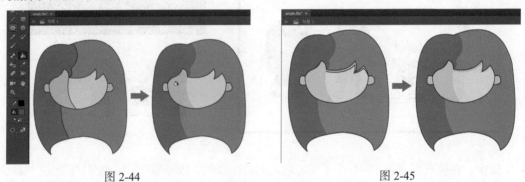

图 2-44   图 2-45

（7）按照层次要求，现在完成了"中间部"和"暗部"，接下来绘制"亮部"。

绘制"亮部"时要考虑光照的角度，假设光照来自左上方，则"亮部"应该在左侧。但本例没有具体要求，所以绘制一个通用的受光效果。

按 N 键切换到线条工具，在脸部的两侧分别绘制若干直线，再按 V 键切换到选择工具，将直线逐段调整为曲线。因为白色是最亮的颜色，所以填充"亮部"时选择白色，这样可以增强立体感。最后，删除之前绘制的脸部两侧的黑色曲线，如图 2-46 所示。

（8）绘制耳朵的明暗层次。按 N 键切换到线条工具绘制若干直线，形成耳朵"亮部"和"暗部"的轮廓线，再按 V 键切换到选择工具，将直线逐段调整为曲线。然后，将耳朵的"亮部"填充为白色，将耳朵的"暗部"填充为比脸部更深一些的颜色，填充完毕后删除之前绘制的耳朵轮廓线，如图 2-47 所示。

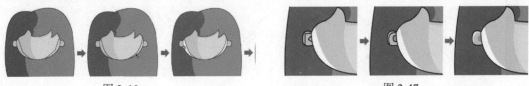

图 2-46   图 2-47

（9）单独绘制一个图形。先绘制一条直线，再将其变为曲线，再画一条直线连接曲线的起点和结点，对曲线和直线所围成的区域进行填充，填充色选择与脸部"暗部"相同的颜色，填充完毕后删除外部的黑色曲线和直线，如图 2-48 所示。

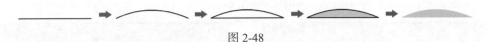

图 2-48

（10）将步骤（9）绘制的图形放在脸部中间略靠上的位置，形成一块"暗部"区域，这样可以有效增强脸部的立体感，如图 2-49 所示。

（11）使用椭圆工具绘制脸部的雀斑，如图 2-50 所示。

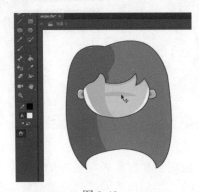
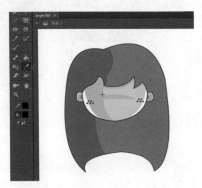

图 2-49　　　　　　　　　　　图 2-50

（12）绘制鼻子。先绘制两条直线构成一个锐角，然后将其调整为曲线；再绘制一条直线连接曲线的起点和结点使其封闭，并绘制出鼻子"亮部"和"暗部"的轮廓线，也将其调整为曲线；对鼻子的"亮部""中间部""暗部"分别填充颜色；最后，保留鼻子外围的曲线轮廓线，将其他黑色轮廓线删除，如图 2-51 所示。

图 2-51

（13）把鼻子放在脸部相应的位置，如图 2-52 所示。

（14）在时间轴里的"头部"图层之上新建"腮红"图层。在绘制前先取消轮廓线的绘制状态，选择椭圆工具，在腮部绘制一个圆形渐变色块，填充时选择圆心为红色外围是黑色的渐变样式，如图 2-53 所示。

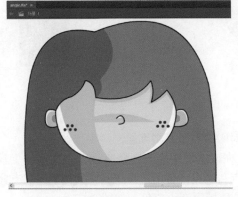
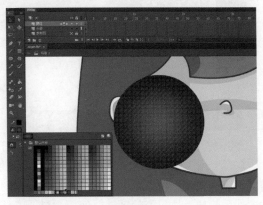

图 2-52　　　　　　　　　　　图 2-53

（15）选中腮红的圆形渐变色块，打开右侧面板组中的"颜色"面板，会看到一个渐变颜色调节框。选中圆形渐变色块的黑色区域，将其调整为红色，将"A"参数值设置为"0%"，如图 2-54 所示。再选中圆形渐变色块中心的红色区域，将"A"参数值设置为"25%"，这样在角色的脸上便出现了红晕的效果，如图 2-55 所示。

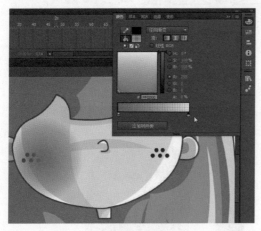 

图 2-54　　　　　　　　　　　　　　　　图 2-55

腮红的作用是增加脸部的立体感，使皮肤看上去更加红润，展现良好的肤质。但要切记，腮红效果不要太突出，不要给人以浓妆艳抹的感觉，绘制出若隐若现的腮红效果即可。

（16）复制绘制好的腮红，在脸部的另一侧粘贴，如图 2-56 所示。至此，"头部"和"腮红"两个图层就绘制完成了。

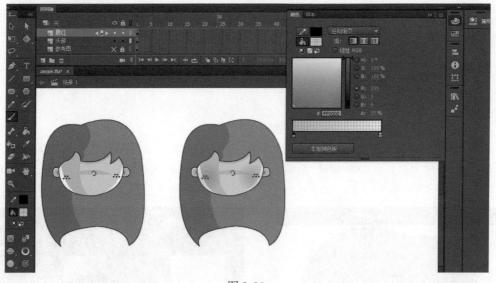

图 2-56

2.4.3　眼睛和头发的精细绘制

绘制完角色的头部轮廓、头发和腮红后，开始对眼睛及头发精细绘制。

（1）绘制眼睛的轮廓线。新建"眼睛"图层，在该图层中绘制一条直线，使用选择工具将其调整为曲线，再绘制一条直线连接该曲线的起点和终点，再用选择工具将其调整为反方向的曲线，构成一块封闭的区域，使用颜料桶工具将该区域填充为白色，如图 2-57 所示。

图 2-57

（2）使用线条工具绘制三条线段，形成角色的眼睫毛，再使用选择工具将线段调整为曲线，如图 2-58 所示。

（3）使用椭圆工具在眼睛内绘制眼珠，并将眼珠填充为较深的颜色，如图 2-59 所示。

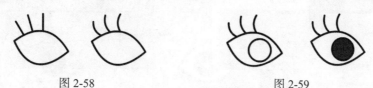

图 2-58　　　　　　　　　　　　　　　　　　　　图 2-59

（4）绘制眼珠中的高光效果。在没有选择任何物体的情况下，单击工具栏中的多角星形工具图标，打开"属性"面板，单击"工具设置"下拉菜单中的"选项"按钮，在弹出的"工具设置"对话框中，将"样式"设置为"星形"，将"边数"设置为"4"，这样就可以在舞台中直接绘制四角星形（默认填充色为白色），绘制完毕后，将四角星形放在眼珠中，如图 2-60 所示。

图 2-60

（5）对眼睛的细节进行绘制。使用线条工具，沿着上眼皮的轮廓线，在其下方绘制多条直线，然后使用选择工具将上述直线调整为曲线，使其与上眼皮的轮廓线形状、走向基本一致，从而构成一块封闭的弧形区域，再使用颜料桶工具将弧形区域填充为浅蓝色，从而增强眼部的立体感，使眼睛看上去更加水润，如图 2-61 所示。

图 2-61

（6）单击"眼睛"图层，按住 Alt 键不放，在舞台中选中已绘制好的眼睛并拖曳鼠标，即可复制出另一只眼睛，然后执行菜单命令"修改"→"变形"→"水平翻转"，可将另一只眼睛翻转为正确的角度，最后，将另一只眼睛调整到合适位置，如图 2-62 所示。

（7）绘制嘴部。新建"嘴部"图层，使用线条工具在嘴部位置画一条线段，再使用选择工具将其调整为曲线，如图 2-63 所示。

（8）细化头发部分。先使用线条工具和选择工具把头发的"亮部"区域绘制出来，再使用颜料桶工具将"亮部"区域填充为较浅的颜色，如图2-64所示。

图 2-62

图 2-63

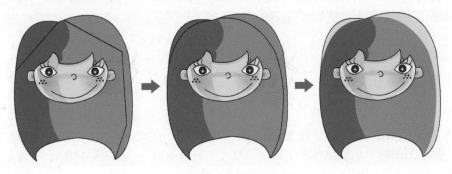

图 2-64

（9）使用线条工具和选择工具绘制靠近发髻的"暗部"区域，再使用颜料桶工具将"暗部"区域填充为较深的颜色，如图2-65所示。

图 2-65

（10）继续细化头发部分。需要注意明暗层次的变化，最终的头发效果如图 2-66 所示。

（11）在头发的左上角添加一个蝴蝶结作为装饰，这样会使角色 Angie 显得比较活泼，如图 2-67 所示。

图 2-66

图 2-67

2.4.4　身体的精细绘制

（1）新建"身体"图层，绘制连衣裙的轮廓线，并将连衣裙填充为黄色，如图 2-68 所示。

图 2-68

（2）绘制裙褶。先使用选择工具，按住 Alt 键不放，单击连衣裙下边缘轮廓线并拖曳，然后再松开 Alt 键；每单击并拖曳一次就会新增一个控制点，这样使连衣裙下边缘分为多条线段，最后，将每条线段调整为曲线，增加裙褶，如图 2-69 所示。

（3）绘制连衣裙的"亮部"，并填充为白色，如图 2-70 所示。

（4）绘制连衣裙的"暗部"，并填充为较深的橘黄色，如图 2-71 所示。

（5）继续绘制连衣裙的其他细节，细节越丰富，越能提升表现效果，按照如图 2-72 所示的样式，增加连衣裙的袖口及裙摆等位置的"亮部"和"暗部"细节。

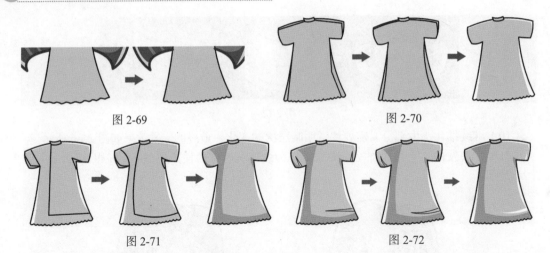

图 2-69   图 2-70

图 2-71   图 2-72

（6）根据既定设计稿，在时间轴里的"身体"图层之上新建"衣服纹路"图层，在该图层中绘制连衣裙的条纹，如图 2-73 所示。将条纹填充为橘红色，并删除黑色轮廓线，形成若干橘红色的条纹色块，但这些条纹色块太显眼，故选中这些色块，将"A"参数值设置为"30%"，效果会更好，而且连衣裙的"亮部"和"暗部"也能在条纹上呈现。

图 2-73

（7）新建一个临时图层，在连衣裙的下边缘上方绘制两条曲线，选中靠下的曲线，在"属性"面板中将"样式"设置为虚线；再选中靠上的曲线，在"属性"面板中将"样式"设置为点状线，如图 2-74 所示。这两条曲线既有装饰性，又体现了缝制的效果，极大地提升了连衣裙的精细度。

图 2-74

图 2-75

（8）按照步骤（7）的方法，在领口和腰部也添加类似的装饰虚线，如图 2-75 所示。

（9）由于这些装饰虚线是在临时图层里绘制的，所以需要将这些装饰虚线全部转移到"身体"图层里。在时间轴里单击临时图层，则会选中临时图层里的所有物体（即这些装饰虚线），按 Ctrl+X 组合键剪切装饰虚线，再单击时间轴里的"身体"图层，按 Shift+Ctrl+V 组合键，这样可以按照这些装饰虚线的原先位置进行粘贴，最后将临时图层删除。

（10）绘制脖子以及领口的明暗层次，效果如图 2-76 所示。

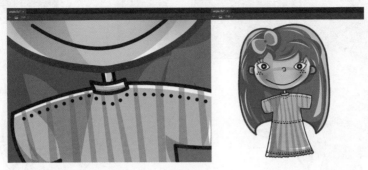

图 2-76

2.4.5 四肢的精细绘制

（1）在时间轴里的"头部"图层之上、"身体"图层之下新建"右手臂"图层，在该图层中绘制右臂的轮廓线，并使用选择工具对其进行调整，如图 2-77 所示。

（2）绘制手掌的掌心部分以及"暗部"区域，并进行填充，使细节更丰富，如图 2-78 所示。

图 2-77   图 2-78

（3）绘制右臂"暗部"区域的轮廓线，使用选择工具调整后进行填充。由于手臂比较细，为了避免轮廓线太多造成混乱，因此省略"亮部"区域，如图 2-79 所示。

图 2-79

（4）由于左臂和右臂的形状基本一致，因此，只需复制绘制好的右臂，并进行适当调整，即可生成左臂，方法如下。

选中右臂，按 Ctrl+C 组合键进行复制。在时间轴里的"右手臂"图层之上新建"左手臂"图层，在该图层里按 Ctrl+V 组合键，将刚才复制的右臂粘贴于此，如图 2-80 所示。选中需要调整的左臂，执行菜单命令"修改"→"变形"→"水平翻转"，这样左臂的方向就摆正了，最后，使用选择工具将它放在合适的位置，如图 2-81 所示。

（5）在时间轴里的"左手臂"图层之上、"身体"图层之下新建"右腿"图层。在该图层上绘制角色 Angie 右脚的鞋子。先绘制轮廓线，再进行填充，详细步骤不再赘述，效果如图 2-82 所示。

（6）绘制角色 Angie 右脚的鞋子的"亮部"与"暗部"，如图 2-83 所示。

（7）绘制角色 Angie 的右腿及裤子，并绘制其"亮部"与"暗部"，如图 2-84 所示。

（8）仿照绘制左臂的操作步骤，绘制左腿。单击"右腿"图层，选中右腿，按 Ctrl+C 组合键复制，在时间轴里的"右腿"图层之上新建"左腿"图层，并在该图层按 Ctrl+V 组合键，将刚才复制的右腿粘贴于此，生成左腿，如图 2-85 所示。

（9）选中需要调整的左腿，执行菜单命令"修改"→"变形"→"水平翻转"调整方向，使用选择工具将其放在合适的位置，如图 2-86 所示。

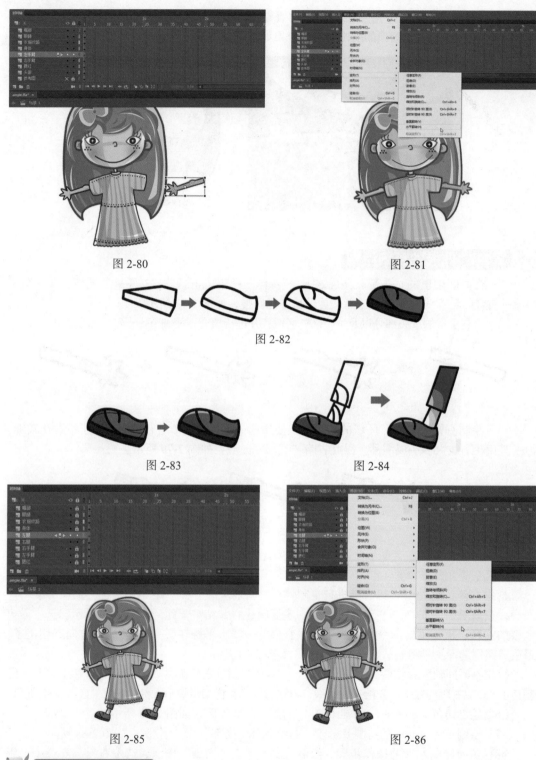

图 2-80   图 2-81

图 2-82

图 2-83   图 2-84

图 2-85   图 2-86

2.4.6 后期整理

（1）调节轮廓线。动画中的轮廓线尽量不要使用纯黑色，因为黑色是最深的颜色，黑色轮廓线不仅看起来死板，而且会喧宾夺主。所以，在多数动画中，轮廓线常用较深颜色而非纯黑色。

　　以角色 Angie 为例，当前的人物主色调为橘黄色，因此，可以将轮廓线调整为较深的橘黄色。首先，选中所有的轮廓线，打开"属性"面板，单击"填充与笔刷"下面的轮廓线颜色色块，在弹出的面板中单击右上角的色盘图标，弹出"颜色编辑器"对话框，选择一款较深的橘黄色，单击"确定"按钮，则 Angie 的轮廓线都变为这款颜色，如图 2-87 所示。

图 2-87

　　（2）由于前面的分图层要求，角色的脸部放在"name-face"图层里；身体放在"name-body"图层里。因此，当前的"腮红"图层需要放在"头部"图层中，而"衣服纹路"图层需要放在"身体"图层中。

　　但是，如果使用前面的方法，选中"腮红"图层中的所有物体并复制，在"头部"图层中粘贴，就会发生如图 2-88 所示的严重错误。这是因为有透明度的物体不能和色块放在同一个图层中。

　　现在介绍一种新方法来解决该问题。单击"腮红"图层，选中该图层中的所有物体，执行菜单命令"修改"→"组合"（快捷方式为 Ctrl+G 组合键），将左、右脸的腮红组合为一个整体，这样，选择腮红时就不会选到两个腮红色块，而是将其整体选中，如图 2-89 所示。

图 2-88

图 2-89

如果需要修改腮红，则双击腮红的组合体，便可对腮红色块进行操作，此时，在舞台的左上角会出现"场景 1"和"组"两个按钮，如图 2-90 所示，单击"场景 1"按钮才能回到原先的舞台中，这就是组合的使用方法。

现在剪切腮红组合体，粘贴到"头部"图层，这样就不会出现错误了。最后，将原"腮红"图层删除，如图 2-91 所示。

图 2-90   图 2-91

如果希望把腮红组合体拆分为两个色块，则选中该组合体，执行菜单命令"修改"→"取消组合"（快捷方式为 Ctrl+Shift+G 组合键）。

（3）使用步骤（2）中介绍的方法，将"衣服纹路"图层中的全部物体也组合为一个整体，将其剪切并粘贴到"身体"图层中，最后将原"衣服纹路"图层删除。

（4）按照上述方法，将每个图层中的所有物体都分别组合，完成所有的整理工作。

角色 Angie 的最终效果如图 2-92 所示。本例的源文件可参考配套资源中的"02-03-Angie.fla"。

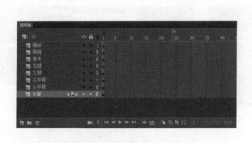

图 2-92

整理工作比较乏味，但属于必须经历的过程，因为创作动画不只是一位设计师的工作，当角色制作完成后，需要将一个整洁的文件交给动作组的工作人员，这样才有助于提高工作效率。因此，一定要养成整理文件的习惯。

本 章 小 结

　　通过本章的综合示范实例，读者应该熟悉绘制的整个流程，特别是使用线条工具配合选择工具绘制轮廓线，再使用油漆桶工具填充颜色。这些命令及其快捷方式必须熟练掌握，才能有效提高工作效率。

　　另外，本章涉及的重要知识点必须牢记，如新建图层、删除图层、组合、渐变工具等命令，在动画制作过程中会经常用到。

练 习 题

　　参照配套资源中的"02-04- 设置图 .jpg"，绘制除 Angie 之外的其他三个角色，绘制效果如图 2-93 所示。

图 2-93

第 **3** 章

Animate 库和元件应用实例

3.1 "库"面板及其使用方法

Animate 中的制作部分基本都在"舞台"面板里进行，而在现实生活中，每个舞台都会有后台，所有的演员在都在后台化妆、休息，并等待上舞台表演节目。在 Animate 中，也有类似的"后台"，这就是"库"面板。

在 Animate 的英文版中，"库"面板被称为"Library"面板，直译为"图书馆"面板，直译的方式很形象，"库"面板的确像一座图书馆，存储着一部动画的所有文件。准确地说，"库"面板是 Animate 中存储和组织元件、位图、矢量图形、声音、视频等文件的容器，便于在制作过程中随时调用。每种素材在"库"面板中都会以不同的图标显示，这样便于用户识别不同的库资源，进而浏览和选择。如果素材较多，还可以创建文件夹，将素材分类放置。"库"面板有搜索功能，可以通过该功能搜索库中的相应素材。

在制作动画的过程中，"库"面板是使用次数较多的面板之一，"库"面板当中的素材是否摆放合理、明晰，将对动画制作的效率产生极大的影响，这在制作大型动画或者动画系列片中尤为明显。

3.1.1 "库"面板的简单操作

打开和关闭"库"面板的快捷方式为 Ctrl+L 组合键，或者执行菜单命令"窗口"→"库"，"库"面板默认位于 Animate 界面的右侧，如图 3-1 所示。

图 3-1

打开"库"面板，如图 3-2 所示，"库"面板中的各项属性含义如下。

库名称：用于显示该库的名称，单击右侧的小三角，弹出下拉菜单，将会显示已经打开的所有 Animate 文件的库，便于调取其他 Animate 文件库中的素材。

预览窗：能够显示被选中的元素的预览画面。

"库菜单"按钮：单击该按钮可弹出"库"面板的操作菜单，内含和库相关的各种操作命令。

搜索栏：在该栏输入需要搜索的素材关键字，即可在"库"面板中进行搜索。

"创建新元件"按钮：单击该按钮后，会弹出"创建新元件"对话框。

"新建文件夹"按钮：单击该按钮后，会自动在"库"面板中创建一个"未命名文件夹"。

"属性"按钮：选中"库"面板中的文件，单击该按钮可以弹出该文件的属性窗口，便于查看。

"删除"按钮：选中"库"面板中的文件，单击该按钮可以将文件删除。

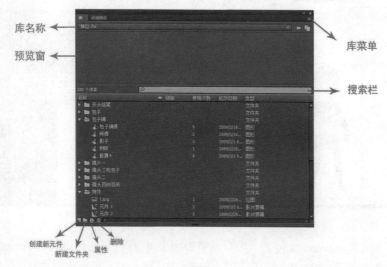

图 3-2

单击"库菜单"按钮，弹出菜单，可以看到除有快捷按钮的新建元件、新建文件夹、属性和删除命令外，还有其他更详细的命令，如图 3-3 所示。

选中"库"面板中的文件并右击，弹出相应的菜单，也可以对该文件进行命令操作，如图 3-4 所示。

图 3-3

图 3-4

3.1.2 "库"面板的具体使用方法

首先介绍将文件导入"库"面板中的过程。执行菜单命令"文件"→"导入"→"导入
到库",弹出"导入到库"对话框,在对话框中选择图片、音频或视频文件,双击该文件或者
单击"打开"按钮,这样,"库"面板中就会出现该文件,但是文件并没有出现在"舞台"上,
可以用鼠标左键将该文件从"库"面板中直接拖入舞台,如图 3-5 所示。

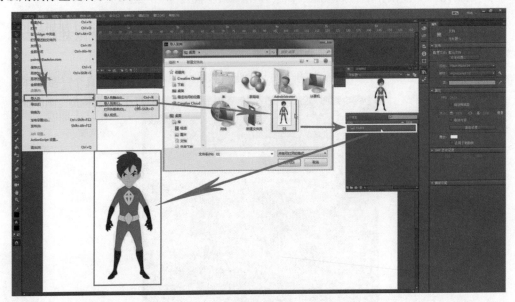

图 3-5

若需要使用其他 Animate 文件的"库"面板中的素材,可以打开其他的 Animate 文件。操作
方法为:在当前 Animate 文件中,打开"库"面板,在库名称的下拉菜单中会显示其他 Animate 文
件,单击需要打开的 Animate 文件名称,就会进入相关 Animate 文件的"库"面板,如图 3-6 所示。

图 3-6

在制作动画片的过程中,"库"面板里的文件会越来越多,因此,对文件进行有效管理是
非常必要的。尤其在制作动画系列片的过程中,需要重复使用大量的素材,并且需要多人合作
完成。试想一下,假如某位设计师接手的"库"面板中文件极多,且 Animate 文件命名极为混
乱,可能连最基本的修改都无从下手。

那么，怎样对素材进行有效管理呢？下面介绍两条规则。

（1）素材命名要清晰。例如，某素材是第一集中第 37 个镜头的男孩正面的头部，就可以将该素材命名为"001-037- 男孩 - 正面 - 头部"，这样当其他设计师拿到该素材文件进行修改时，就会对素材的内容和定位有较清晰的认识。

（2）将素材分门别类地放入相应的文件夹中进行管理。例如，可以新建一个文件夹，命名为"声音"，然后将"库"面板中所有的音频文件全部放入该文件夹。使用时，双击文件夹就可以使之收起，再双击就可以使之展开。同理，视频文件等也可以效仿管理。

3.2　Animate 中的元件

在制作 Animate 动画的过程中，经常会有一些素材被不断重复使用，如果仅用复制、粘贴的方法来增加素材的数量，则会占用大量的系统资源，影响制作过程的流畅性，且最终输出的动画文件较大，不利于在网上播放。

在 Animate 中，元件能够很好地解决这个问题。例如，可以将一个素材转换为元件，并将其保存在"库"面板中。需要使用时，只要将该元件从"库"面板中取出即可。这样，即使多次使用该素材，占用的系统资源也很少，这是因为实际使用过程中为同一个元件。

不仅如此，使用元件还可以使制作效率大大提高，给动画制作带来极大便捷。

3.2.1　元件的创建和使用方法

新建一个空白元件，执行菜单命令"插入"→"新建元件"，或者直接按 Ctrl+F8 组合键，弹出"创建新元件"对话框，如图 3-7 所示，在"名称"文本框中输入该元件的名称，在"类型"下拉菜单中有三个可选项，分别是"影片剪辑""按钮""图形"。这三种元件的区别将在3.2.2 节中进行讲解。

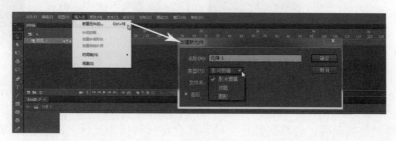

图 3-7

单击"确定"按钮创建元件，舞台会自动进入元件的编辑模式。注意舞台的左上角有场景名和元件名，单击场景名则回到原来的影片编辑模式，而"库"面板中也会显示该元件，如图 3-8 所示。

在元件的编辑模式下，绘制一个物体，会看到"库"面板中的元件预览窗口中显示该物体，如图 3-9 所示。

接下来，单击舞台左上角的场景名，返回影片编辑模式，或者在元件编辑模式下单击空白处，也可以回到影片编辑模式，这时会发现舞台中空空如也，如图 3-10 所示。这是因为虽然创建了元件，但是元件还在"库"面板中，就如同一位演员在后台等着上场。这时可以用鼠标将"库"面板中的元件拖入舞台。若一个元件不够用，还可以拖曳多次，这样元件就在舞台上"登台亮相"了，如图 3-11 所示。

如果对元件不满意且想要修改，可以在"库"面板中双击该元件，或者直接在舞台上双击该元件，就可以重新进入元件编辑模式，对该元件重新编辑。需要注意，元件一旦被重新编辑，那么舞台中所有该元件都会发生相应变化。

图 3-8

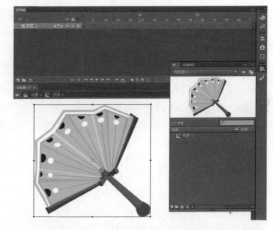

图 3-9

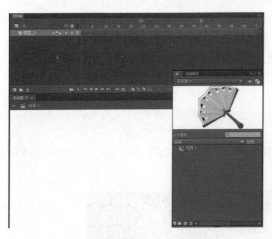

图 3-10

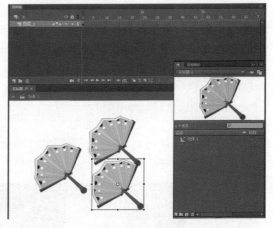

图 3-11

如果希望将舞台中已经绘制好的物体转换为元件，则可以选中该物体，然后执行菜单命令"修改"→"转换为元件"，或者按 F8 键，弹出"转换为元件"对话框，如图 3-12 所示。

单击"确定"按钮后，会看到舞台中的物体已经被转换为元件，而且在"库"面板中也会有相应显示，如图 3-13 所示。

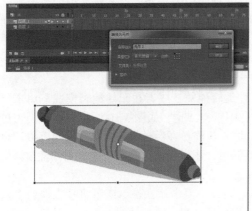

图 3-12

图 3-13

但是这种直接转换为元件的方法只适用于简单的且只有一个图层的物体,如果将多图层的物体直接转换为元件,则在元件中直接合并为一个图层,这样前后顺序可能发生较大变化,从而产生错误。

例如,图 3-14 所示的场景有 9 个图层,全部选中后,直接按 F8 键转换为元件,结果如图 3-15所示。

图 3-14　　　　　　　　　　　　　　　　　　图 3-15

从图 3-15 中可以看到图中的蓝色天空消失了,出现了比较明显的错误。显然,这样直接转换元件的方法对于比较复杂的多图层物体是行不通的。下面介绍两种正确的操作方法,以便解决多图层物体转换为元件的问题。

(1)第一种方法:对帧进行操作。

①先选中该物体所有图层的所有帧,然后右击,在弹出的菜单中选择"复制帧"命令。

②按 Ctrl+F8 组合键,新建一个元件,并进入该元件的编辑模式,右击该元件图层的第一个空白帧,在弹出的菜单中选择"粘贴帧"命令,这样就将所有的图层复制到元件中了。

③回到影片编辑模式,此时,这些直接绘制的外部物体就显得多余了,故选中所有图层,单击时间轴下面的垃圾桶图标,将这些物体全部删除,只留下一个空白图层,然后在"库"面板中,将刚创建好的元件拖入舞台,这样就将多图层物体转换为元件了,如图 3-16所示。

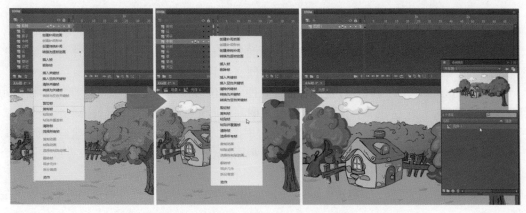

图 3-16

（2）第二种方法：对图层进行操作。

①先选中该物体的所有图层，然后右击，在弹出的菜单中选择"拷贝图层"命令。

注意：选择"拷贝图层"命令而不是"复制图层"命令，如果选择"复制图层"命令，那么 Animate 将直接完成复制图层和粘贴图层两个步骤。

②按 Ctrl+F8 组合键，新建一个元件，并进入该元件的编辑模式，右击该元件的图层，在弹出的菜单中选择"粘贴图层"命令，这样就将所有的图层都复制到元件中了。

③回到影片编辑模式，删除所有图层，只留下一个空白图层，然后将刚创建好的元件拖入舞台，如图 3-17 所示。

图 3-17

 ### 3.2.2　元件的种类

Animate 中的元件共有三种，分别是影片剪辑元件、图形元件和按钮元件。

在 Adobe Animate 发布的官方帮助文档中，对这三种不同的元件有如下解释。

（1）影片剪辑元件：可以创建能够重复使用的动画片段。影片剪辑元件拥有各自独立于主时间轴的多帧时间轴，它们包含交互式控件、声音以及其他的影片剪辑元件；也可以将影片剪辑元件放在按钮元件的时间轴内，以创建动画按钮；此外，还可以使用 ActionScript 语言对影片剪辑元件重新定义。

（2）图形元件：可用于静态图像，并可用来创建连接到主时间轴的能够重复使用的动画片段，图形元件与主时间轴同步运行。交互式控件和声音在图形元件的动画序列中不起作用。

（3）按钮元件：可以创建用于响应鼠标单击、滑过或其他动作的交互式按钮。可以定义与各种按钮状态关联的图形，然后将动作指定给按钮实例。

从上述帮助文档中不难看出，官方对三种元件的定位分别为：影片剪辑元件为动态元件，图形元件为静态图像元件，按钮元件为交互式元件。

但在 Animate 动画的实际制作过程中，对元件的定位与官方定位有所差别。其中，按钮元件作为交互式元件的定位没有异议，主要争论集中在图形元件和影片剪辑元件上。

打开配套资源中的"03-01- 元件 .fla"，舞台中摆放着两个小球，上面的小球是图形元件，下面的小球是影片剪辑元件，给这两个元件制作相同的动作，使小球向前滚动，并放在同一个图层中，如图 3-18 所示。

按 Ctrl+Enter 组合键，在输出的 swf 格式动画中，可以看到两个元件所呈现的动画效果是完全一样的。

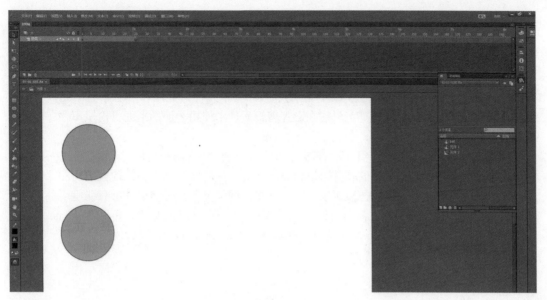

图 3-18

回到场景中，拖动时间轴，会发现只有上面的图形元件小球在动，而下面的影片剪辑元件小球是不动的，如图 3-19 所示。

执行菜单命令"文件"→"导出"→"导出影片"，在保存类型中选择 avi 格式，导出视频，播放后也会发现，只有图形元件小球在动，而影片剪辑元件小球是静止的，如图 3-20 所示。

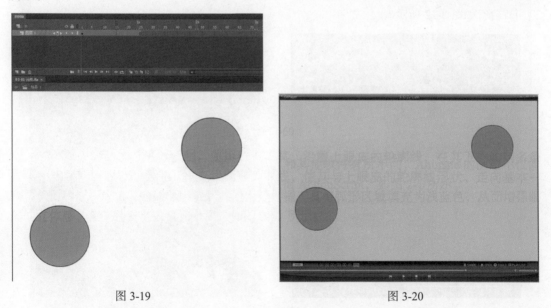

图 3-19　　　　　　　　　　　　　　　　　图 3-20

这是由影片剪辑元件的自身特性决定的，必须导出 swf 格式文件才能正常观看其动画效果，而其他格式均无法正常播放。

所以，影片剪辑元件的这个特性给动画制作人员带来了极大的不便，主要有以下两点。

- 已调好的动画效果在舞台中不能预览，无法进行实时定位，必须导出后才能看到合成的效果。这一点带来了动画制作过程中的困扰。
- 影片剪辑元件所导出的视频文件不能正常播放。当下，Animate 已经不只是网络动画的制作软件，越来越多的动画公司使用它来制作适于在电视、电影中播放的动画片，这些播放媒体决定了动画片必须是视频格式，而 Animate 自身的 swf 格式文件是无法在这些传统媒体中播放的。因此，这个问题最严重，即无法输出视频格式意味着辛辛苦苦制作的动画只能通过网络传播或在本地计算机中进行播放。

正因如此，很多动画制作公司都严格规定影片剪辑元件只能用作静态素材的元件，毕竟很多效果（如滤镜、混合模式等）只能在影片剪辑元件中使用。而图形元件由于不存在以上问题，经常被用作动态元件。

如果有特殊需要，必须使用影片剪辑元件，并且要导出视频文件，则只能通过一些第三方软件来辅助实现。例如，有的软件可以将 swf 格式文件转换为其他格式的视频文件，但绝大多数该类软件很难实现完美的转换效果。所以，在这种情况下，很多设计师只能使用一些"土办法"，比如使用视频录制软件将播放中的 swf 格式文件全部录制下来，再到 Animate 中将音频文件导出为一个 mp3 或 wav 格式文件，然后到 Adobe Premiere 等剪辑软件中，将录制的视频文件和导出的音频文件合成后输出。

3.2.3 元件的编辑

对元件进行编辑前，需要注意，舞台上同一种类的元件都是相互关联的，如果对其中某元件进行修改，那么舞台上所有的该元件都会被更新。

下面来介绍如何进入元件内部进行编辑。

如果元件在舞台中，可以直接双击该元件，即可进入元件内部进行编辑。如果元件在"库"面板中而没有被拖入舞台，可以在"库"面板中双击该元件进入其内部进行编辑，如图 3-21 所示。编辑完毕后，可以单击舞台左上角的场景名返回舞台，也可以双击元件周围的空白区域返回舞台，如图 3-22 所示。

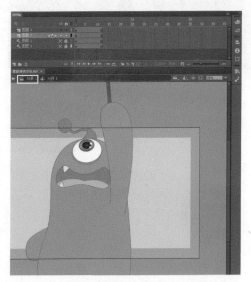

图 3-21   图 3-22

在 Animate 中可以对元件进行整体调整。选中需要调整的元件，在"属性"面板中，打开"色彩效果"下拉菜单栏，在"样式"下拉列表中有五个选项，分别为"无""亮度""色调""高级""Alpha"。

"无"是指对该元件无须添加任何色彩效果。

"亮度"是指对该元件进行整体的亮度调整，选择该项后，下面会出现一个亮度调节杠杆，数值越高则亮度越强，如图 3-23 所示。

　　"色调"是指对该元件进行色调调整，选择该项后，右侧会出现一个色块，单击该色块可以进行颜色调整，而下面会出现"色调""红""蓝""绿"四个调节杠杆。具体调节方法为：先单击色块，设置好主色调，然后调节下面的"色调"参数，数值越高，元件就越接近主色调的颜色，而"红""蓝""绿"三个参数用于更加细致地调节主色调的 R、G、B 值，如图 3-24 所示。

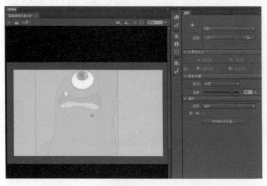
图 3-23

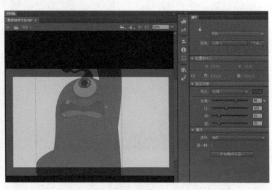
图 3-24

　　"高级"所能调节的参数是最多的，它可以调整"Alpha""红""绿""蓝"这四项，每项均有两个参数，分别为百分比和偏移值，用于实施更为细致的调整，如图 3-25 所示。

　　"Alpha"用于调节元件的透明度，选择该项后，下面会出现调整杠杆，数值越低，元件就越透明，如图 3-26 所示。

图 3-25

图 3-26

　　另外，有一些整体编辑的命令是影片剪辑元件和按钮元件这两种类型特有的。

　　选中需要调整的影片剪辑元件或按钮元件，在"属性"面板中，可以看到有"显示"和"滤镜"两个下拉菜单栏。

　　单击"显示"下拉菜单栏，单击"混合"后面的下拉菜单按钮，弹出的下拉菜单中包含多个菜单选项，如图 3-27 所示。

　　经常使用 Adobe Photoshop 的读者对这些菜单选项应该不会陌生，这些菜单选项是用于设置图层混合模式的，例如，图 3-28 为常用的"正片叠底"模式的显示效果。

　　选中相应的元件，单击"滤镜"下拉菜单栏，再单击下面的"+"号按钮，用于添加滤镜，弹出的菜单会显示各种滤镜效果菜单命令，如图 3-29 所示。读者可以发现，这些菜单命令类似于 Adobe Photoshop 中的"图层样式"选项。接下来，在菜单中选择一种滤镜效果，元件会发生相应的改变，在"滤镜"下拉菜单栏中也会出现相应的参数，图 3-30 就是滤镜"模糊"的显示效果。

图 3-27

图 3-28

图 3-29

图 3-30

假如对一个元件已经添加了很多特效，但因调整需要，应改为对另一个元件添加同样的特效。这时，可以使用"交换元件"命令，将此元件替换为彼元件，且之前添加的特效也会交换给新的元件，具体操作如下。

在舞台上右击需要交换的元件，在弹出的菜单中选择"交换元件"命令，随后在弹出的"库"面板中选择需要交换的元件，单击"确定"按钮即可完成交换元件的操作，如图 3-31 所示。

图 3-31

3.3　示范实例——绘制 T 恤衫

在制作大量的重复图形时，元件有很大的作用。其作用主要体现在后期调整时便于修改。
接下来用一个实例来展示元件便于修改的特性。

（1）打开配套资源中的"03-03-T 恤衫素材 .fla"，舞台中绘有四个不同的 T 恤衫底版，库
中没有任何元件，如图 3-32 所示。再打开配套资源中的"03-03-T 恤衫图案素材 01.fla"和
"03-03-T 恤衫图案素材 02.fla"，这两个文件是要放在 T 恤衫上的图案，如图 3-33 所示。

图 3-32

（2）在"03-03-T 恤衫图案素材 01.fla"中，按
Ctrl+A 组合键，将舞台中的图形全部选中，然后再
按 Ctrl+C 组合键复制，回到"03-03-T 恤衫素材 .fla"
中，按 Ctrl+F8 组合键，新建"图案 1"元件，然后
按 Ctrl+V 组合键，把刚才复制的图形粘贴到这个新
元件中，如图 3-34 所示。

图 3-33

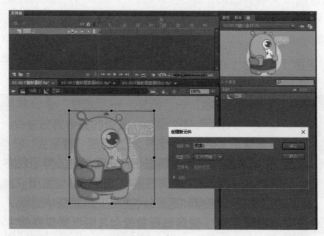

图 3-34

（3）回到场景中，新建"图案"图层，然后从库中把元件"图案 1"拖入"图案"图层
中，再按 Shift 键并使用任意变形工具，将元件"图案 1"按比例放缩放至合适大小，然后放
在第一件 T 恤衫上，如图 3-35 所示。

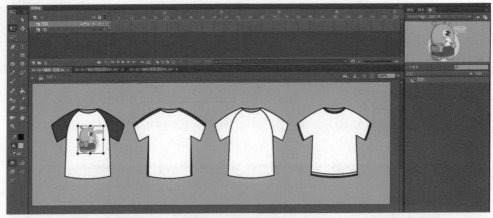

图 3-35

（4）把该图案逐一复制并粘贴到其他几件 T 恤衫上，如图 3-36 所示。

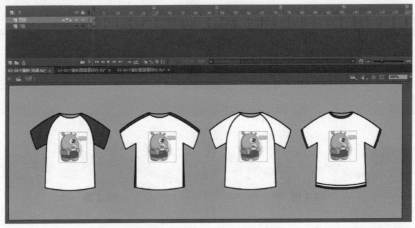

图 3-36

（5）如果想把这四件 T 恤衫上的图案全部改成另一个图案，按照常规步骤操作，则需要把现在的图案全部删掉，再把另一个图案逐一添加到相应的位置，这样的操作过程较为烦琐。这里介绍一种新方法，通过对元件操作就能使步骤变得简单。

双击元件"图案 1"进入其内部，把之前的图案删除，再把"03-03-T 恤衫图案素材 02.fla"中的图案粘贴过来，如图 3-37 所示。

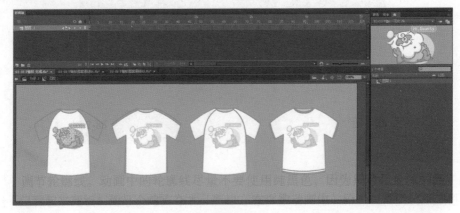

图 3-37

（6）回到场景中，会发现其他几件 T 恤衫上的图案均被替换了，这就是元件的作用，当其中一个元件发生变化时，场景中所有该元件都会发生相应的变化，如图 3-38 所示。

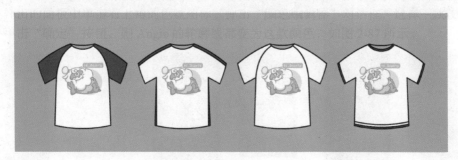

图 3-38

本例的源文件可参考配套资源中的"03-03-T 恤衫 - 完成 .fla"。

3.4　示范实例——绘制风车

视频
教程

元件的作用不仅体现在后期调整时便于修改，而且在元件的"属性"面板中，同样可以很方便地对元件进行整体调整，接下来用一个"风车"的实例来演示。

（1）打开配套资源中的"03-04- 风车 - 素材 .fla"，舞台中有一个图形元件"天空"在图层"天空背景"中，上面还有一个作为"安全框"的黑色图形，用于遮挡舞台以外物体，如图 3-39 所示。

图 3-39

（2）新建"风车部件"图形元件，进入元件内部，按照图 3-40 所示的步骤，绘制风车的一个部件。

（3）新建"风车"图形元件，进入元件内部，把刚才绘制的"风车部件"元件从库中拖进来，并复制出其他三个部件，组成风车的样子，如图 3-41 所示。

（4）逐一选中所复制的其他三个部件，分别在"属性"面板的"色彩效果"下拉菜单栏中选择"色调"样式，调整"红""绿""蓝"的参数，将四个部件的颜色相互区别，如图 3-42 所示。这样进行整体调整，可以避免进入元件内部分别调整，使制作过程更为简便。

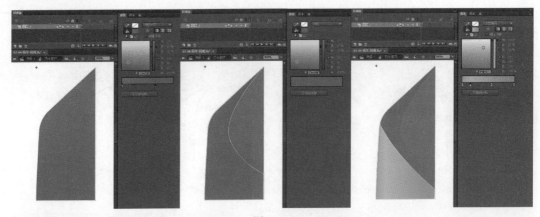

图 3-40

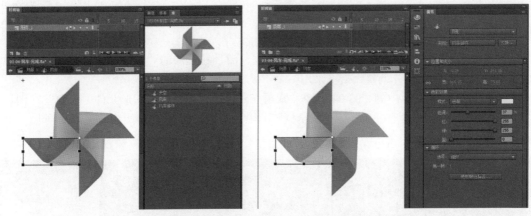

图 3-41   图 3-42

（5）绘制好"风车"的其他部件，一个完整的"风车"就制作好了，如图 3-43 所示。

（6）回到场景中，新建"风车"图层，放在其他两个图层中间，然后将"风车"元件拖
入图层，如图 3-44 所示。

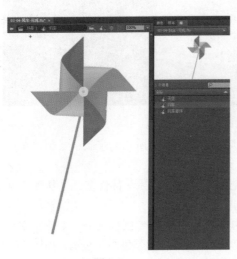

图 3-43

图 3-44

（7）画面中，"天空"的颜色有些偏重，如果需要调整"天空"的颜色，常规的操作步骤是逐一修改"天空"和"云"的颜色，但是这样做比较烦琐。这里，建议选中"天空"元件，在"属性"面板中调整"亮度"参数，将"天空"整体调亮，把"风车"突显出来，如图 3-45所示。

（8）把场景中的"风车"复制一次，并适当缩小，粘贴到画面的右侧，这样可以增加画面的细节。选中粘贴后的"风车"，在"属性"面板中，适当调整其色调参数，让它和第一个"风车"在颜色上有所区分，如图 3-46 所示。

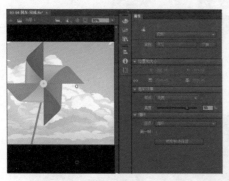
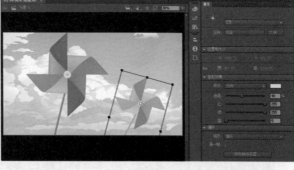

图 3-45 　　　　　　　　　　　　　　　　　　　　　图 3-46

本例的源文件可参考配套资源中的"03-04- 风车 - 完成 .fla"，最终效果如图 3-47 所示。

图 3-47

3.5　综合示范实例——绘制超人飞飞

视频
教程

对于一部多集的人物动画片而言，在开始阶段需要建立一套完整的角色库，包括动画人物形象中不同角度的身体、面部、表情、口型等。这样在制作动画时，可以随时从库中调取所需的部分，能够极大地提高工作效率。

制作角色库时，需要注意，每个元件的名称应尽可能详细，尽量避免出现重名现象，否则在同一个 Animate 源文件中出现同名元件时，会产生意想不到的问题。

下面围绕本章所学内容，以元件的方式绘制一个动画角色。

图 3-48 是一张动画角色"超人飞飞"的设置图，请根据这张设置图绘制该角色的正面。

（1）将该图导入 Animate 中，单独放于底层的图层，并将该图层锁定。

（2）按 Ctrl+Alt+Shift+R 组合键，打开 Animate 舞台中的标尺功能，横向拖曳出一些参考线，分别放于该角色的头顶、眉毛、眼角、鼻子、嘴巴、下巴等部位，以便在制作其他角度时进行对位。使用直线变曲线的方法，并填充颜色。先绘制头发和头部的正面，如图 3-49所示。

图 3-48

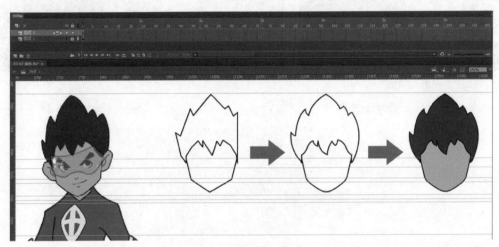

图 3-49

（3）选中已画好的脸部，按 F8 建，弹出"转换为元件"对话框，在"名称"文本框中输入"飞飞-正面-脸"，将元件"类型"设置为"图形"，然后单击"确定"按钮，这时会看到该元件出现在"库"面板中，如图 3-50 所示。

（4）绘制"超人飞飞"的五官，将所有五官均转换为单独的元件，并重新命名。在绘制眼睛、眉毛、耳朵时，可以只绘制一边的内容，并转换为元件，再复制该元件，对复制后的元件执行菜单命令"修改"→"变形"→"水平翻转"，将其放置在另一边，如图 3-51 所示。

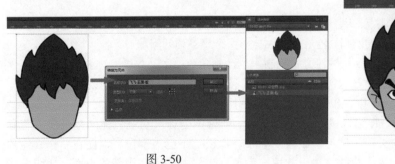

图 3-50   图 3-51

（5）添加眼镜元件，如图 3-52 所示。然后，继续绘制身体部分，由于使用的是元件，所以可在元件中新建图层进行绘制，如图 3-53 所示。

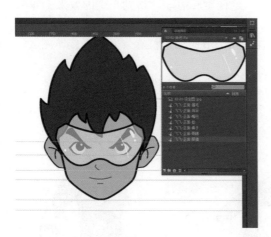

图 3-52

图 3-53

（6）绘制角色的手臂时注意，要严格按照人物的关节位置来绘制，以便后期制作动画。

绘制手臂时，需要将整条手臂分别设置为三个元件，分别为上臂、下臂和手。之后设置前后关系时，将身体放在最前面，后面分别为下臂、上臂和手，如图 3-54 所示。

在设置各元件的前后位置关系时，可以选中元件，执行菜单命令"修改"→"排列"，出现调整位置的命令，即"移至顶层""上移一层""下移一层""移至底层"，也可以使用键盘进行操作，具体命令如下。

- "移至顶层"的快捷组合键为 Ctrl+Shift+↑（上箭头）。
- "上移一层"的快捷组合键为 Ctrl+↑（上箭头）。
- "下移一层"的快捷组合键为 Ctrl+↓（下箭头）。
- "移至底层"的快捷组合键为 Ctrl+Shift+↓（下箭头）。

或者在舞台中右击元件，在弹出的菜单中选择"排列"命令，即可找到上述命令，如图 3-55 所示。

图 3-54

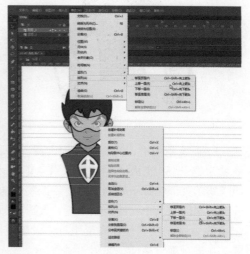

图 3-55

为了便于后续调整动作，接下来需要调节手臂的各元件中心点。

按 Q 键切换到任意变形工具，选中上臂元件，会看到元件的中心有一个白色的圆点，这就是元件的中心点，也是物体的旋转中心点。如果现在直接旋转上臂元件，会看到手臂脱离身体。故需要将中心点移至该人物的肩膀位置，这样旋转后才会得到正确的效果，如图 3-56 所示。

调整手臂上三个元件的中心点，分别放在人物关节的相应位置，并进行旋转测试，以得到正确的效果，如图 3-57 所示。

图 3-56　　　　　　　　　　　　　　　　图 3-57

之后将手臂上三个元件复制到另一侧，执行菜单命令"修改"→"变形"→"水平翻转"，完成两只手臂的制作，如图 3-58 所示。

（7）绘制角色的腰带和短裤，并将它们设置为图形元件，分别命名为"飞飞-正面-腰带"和"飞飞-正面-短裤"，如图 3-59 所示。

图 3-58　　　　　　　　　　　　　　　　图 3-59

（8）绘制腿部，将腿部分为大腿、小腿和脚三部分，并将各部分设置为图形元件，分别命名为"飞飞-正面-大腿""飞飞-正面-小腿""飞飞-正面-脚"。同样要注意，要严格按照人物的关节位置来绘制，以便后期制作动画。然后设置前后关系，将短裤放在最前面，后面分别为腿部的三个元件，即小腿、大腿和脚，如图 3-60 所示。

按 Q 键切换到任意变形工具，设置腿部三个元件的中心点，分别放在人物关节的相应位置，并进行旋转测试，如图 3-61 所示。

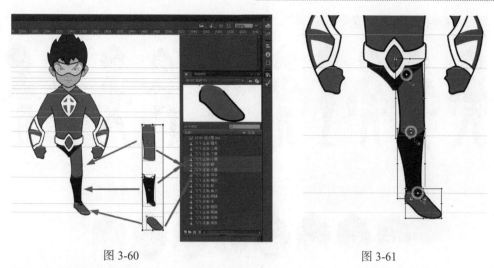

图 3-60   图 3-61

将腿部复制到另一侧，执行菜单命令"修改"→"变形"→"水平翻转"，完成另一侧腿部的制作，最终效果如图 3-62 所示。

图 3-62

本例的源文件可参考配套资源中的"03-05- 角色 .fla"。

本例引入的是一个动画角色，对于一部多集的人物动画片而言，前期的角色设置一定要细致到位，要把角色的各方面要求先用文字表达出来。否则在后续的制作过程中有可能会出现偏差。例如，本例对"超人飞飞"的描述如下。

超人飞飞在家中排行老大。他性格较为莽撞，变身后可以飞来飞去，但飞得太快却又无法控制。超人飞飞很勇敢，但遇到事情时容易冲动，有时他"一根筋"，做事不计后果。他除了速度快，还有着超强的抵抗力，一般的武器根本无法伤害他。超人飞飞的最大特点是具有强烈的"同情心"，面对任何人的只言片语，他都会大发慈悲，比如朋友对他提一个小小的要求，他就会赴汤蹈火；而敌人对他有小小的哀求，他竟会将其立即释放。此外，他的口头禅是"毁灭还是拯救，这是一个问题！"

根据文字设置角色时，除了转面，还应该有动作和表情的设置，这些设置的内容一定要符合角色自身的性格特征，以便使角色的性格特征更加鲜明，给观众留下深刻的印象。

图 3-63 为依据角色"超人飞飞"的文字描述所设置的角色转面图和一些姿势图。

图 3-63

图 3-64 为依据角色"超人飞飞"的文字描述所设置的不同角度的表情图。

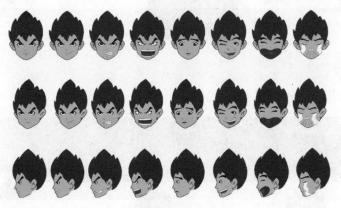

图 3-64

另外，还有角色的不同角度的手及各种手部动作图，也需要绘制，如图 3-65 所示。

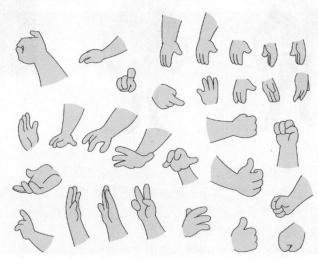

图 3-65

　　塑造具有非凡魅力的角色是动画制作的中心任务。动画人物和其他影视作品中的人物有所区别：动画人物具有简单的类型化性格。在动画人物身上，所有关于该人物形象的信息都一目了然，使用这些外化的典型特征，正是为了突出角色性格的鲜明性。动画人物的简单类型化，并不是把角色平面化、简单化，而是要求角色的性格简洁明了，其文学形象鲜明突出。这些要求是和动画艺术的特征紧密结合在一起的。日本动画大师宫崎骏定位自己的作品为"一个简单的人说出的简单的故事"。而这"简单"两个字包含着成熟动画设计师对动画本体的许多深刻理解。

本 章 小 结

本章对 Animate 的"库"面板和元件的应用进行了详细讲解。这两部分是 Animate 的软件特色，同时也是制作 Animate 动画过程中经常要用到的部分，读者应熟练掌握。

交互设计和多媒体设计中最常用的元件是按钮和影片剪辑，动画中最常用的元件是图形，如果制作的动画需要发布到网络，也会用到一些按钮元件和影片剪辑元件。因此，需要针对不同的设计角度和制作领域来确定元件的应用。

最后，养成合理的元件命名习惯也是相当重要的。

练 习 题

1. 打开配套资源中的"03-02- 设置图 .jpg"，该文件是一张小女孩角色的设置图，根据此图，在 Animate 中按照本章介绍的分元件绘制的方法，为该角色绘制出不同角度的转面图，效果如图 3-66 所示。

图 3-66

2. 根据第 1 题确定的角色，结合以下文字描述，完成相关设计。

超人冰冰是很一位文静的女孩。她是家中的三妹，上面有两位哥哥非常喜欢、呵护她，有时她也会挺身而出，帮哥哥们解决问题。此外，她对自己的四弟爱护有加，是一位有爱心的姐姐。她的能力是"冰霜"，可以让一切事物立刻冰封霜冻。她的口头禅是"让世界更纯洁。"超人冰冰有点像小龙女，有时让人觉得冷若冰霜，但是，她喜欢吃火锅、麻辣烫和烧烤，她的性格的确让大家捉摸不透。

按照上述的文字描述，设计该角色的不同角度的表情图，并在 Animate 中以分元件绘制的方法绘制出来，效果如图 3-67 所示。

图 3-67

第 **4** 章

Animate 遮罩和滤镜绘图实例

4.1 遮罩的定义及其使用方法

遮罩，顾名思义，用于遮挡下面图层中的对象。

遮罩在 Animate 中是以图层的形式存在的。在第 2 章的图层部分曾介绍过，图层有五种不同的类型，分别是"一般""遮罩层""被遮罩""文件夹""引导层"。其中"遮罩层"和"被遮罩"是本章的重点内容。

通俗地讲，遮罩是一种隐藏或显示图层区域的技术，即通过"遮罩层"有选择地显示其下方"被遮罩"图层的内容，如图 4-1 所示为遮罩的应用。

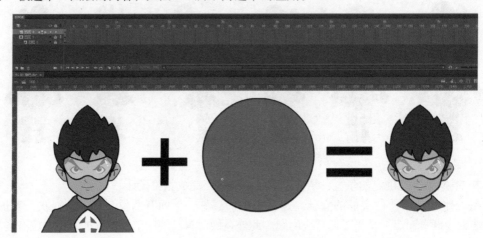

图 4-1

通常，"遮罩层"可以对其下方的任意"被遮罩"图层进行遮挡和显示。

4.2 示范实例——绘制照片框

视频
教程

本节将通过一个实例来介绍遮罩的使用方法。

（1）新建一个 Animate 文件，设置舞台大小为 800×600 像素。执行菜单命令"文件"→"导入"→"导入到舞台"（或者按 Ctrl+R 组合键），将配套资源中的"04-01- 相框素材 .jpg"导入舞台，如图 4-2 所示。

（2）打开配套资源中的"04-01- 场景 1.fla"，该文件是一张已经构成群组的场景图片。选中整个场景并复制，回到相框文件中，新建"场景 1"图层，并将复制的场景粘贴到该图层中，如图 4-3 所示。

（3）按 Q 键切换到任意变形工具，将复制的场景图片缩小至相框大小，如图 4-4 所示。

（4）在时间轴里的"场景 1"图层之上新建"遮罩 1"图层，使用直线工具，在"遮罩 1"图层中沿着相框的边缘进行绘制，将整个相框内部都围绕起来，如果觉得"场景 1"图层影响绘制操作，可以将"场景 1"图层隐藏，如图 4-5 所示。

（5）再按 K 键切换到油漆桶工具，将绘制的区域填充为任意颜色，因为遮罩的效果取决于色块的形状，和颜色无关，如图 4-6 所示。

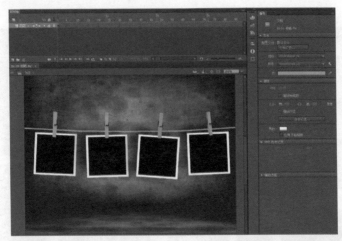

图 4-2

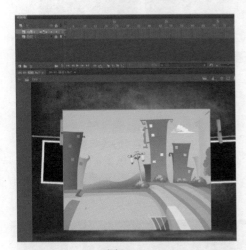

图 4-3

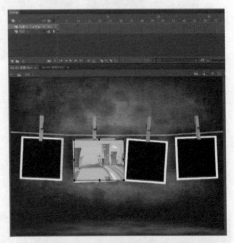

图 4-4

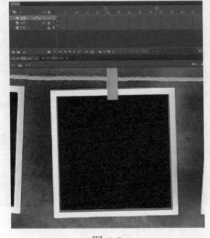

图 4-5

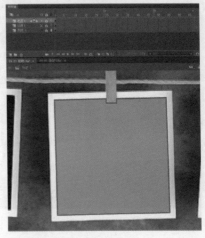

图 4-6

（6）在"遮罩1"图层上右击，在弹出的菜单中选择"遮罩层"命令，此时，"场景1"图层和"遮罩1"图层都被锁定，而且图层前的图标也发生了变化。此外，"场景1"图层中的场景图片只在"遮罩1"图层中绘制的图形区域内显示，超出该图形区域的部分都被隐藏了，如图4-7所示。

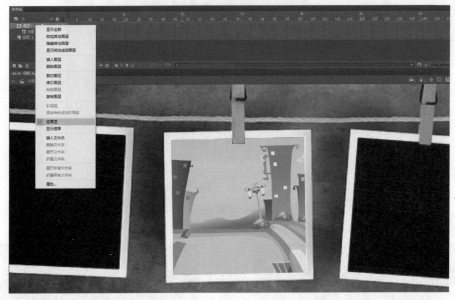

图 4-7

这就是制作遮罩的标准流程。可以把这个流程归纳如下：先把需要被遮罩的物体放在一个图层中，再新建一个"遮罩层"，放在"被遮罩"图层的上面，并在"遮罩层"绘制色块，然后在"遮罩层"上右击，在弹出的菜单中选择"遮罩层"命令，即可产生遮罩效果。

（7）打开配套资源中的"04-01-场景2.fla"，该文件是一张新的场景图片，将其复制到相框文件中，利用这一张场景图片，对其他三个相框进行操作，做出如图4-8所示的相框效果。

图 4-8

本例的源文件可参考配套资源中的"04-01-相框.fla"。

4.3　Animate 中的滤镜

使用过 Adobe Photoshop 软件的用户可能对丰富的滤镜功能有深刻的印象，而在 Animate 中，部分滤镜功能也同样存在。但需要注意，在 Animate 中，仅有"影片剪辑"和"按钮"两种元件类型以及文本能够直接使用滤镜功能，而"图形"元件、组等其他部件是不能使用滤镜功能的。若"图形"元件、组等其他部件需要使用滤镜功能，则应先将其转换为"影片剪辑"或"按钮"元件类型。

4.3.1　滤镜的使用方法

在舞台中绘制一个色块，选中该色块并按 F8 键，弹出"转换为元件"对话框，将其转换为"影片剪辑"元件类型，如图 4-9 所示。

选中该元件，打开"属性"面板，单击"滤镜"下拉菜单中左上角的"+"按钮，弹出包含各种滤镜功能的菜单，如图 4-10 所示。单击菜单中的"斜角"命令，会看到舞台中的元件被添加了"斜角"滤镜效果，如图 4-11 所示。

图 4-9

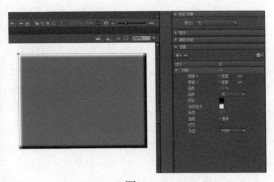

图 4-10　　　　　　　　　　　　图 4-11

出现"斜角"滤镜效果后，"滤镜"的"属性"面板中会出现该滤镜的各项参数，可以对参数进行调整，相应地，舞台中的滤镜效果也会发生变化，如图 4-12 所示。

如果希望在现有的基础上添加新的滤镜效果，可以继续按照上述步骤，给元件添加新滤镜。例如，在当前基础上再添加一个"模糊"滤镜效果，可以看到"斜角"和"模糊"两个滤镜效果进行了融合，如图 4-13 所示。在 Animate 中，可以对同一个元件添加多个不同的滤镜效果，且这些滤镜效果都会自动融合。

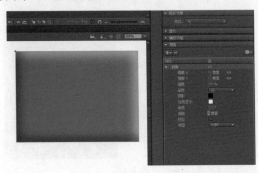

图 4-12　　　　　　　　　　　　图 4-13

　　在"滤镜"下拉菜单的左上方有一个"－"按钮,其功能为删除滤镜。使用时,选中某滤镜效果,再单击"－"按钮,可以删除所选的滤镜效果,如图 4-14 所示。

　　"滤镜"下拉菜单的右上方有一个下拉菜单按钮,主要包含六个选项,如图 4-15 所示,其功能介绍分别如下。

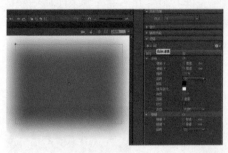

图 4-14　　　　　　　　　　　　　　　　　　　图 4-15

- "复制选定的滤镜"选项,可以将被选中的滤镜复制到剪贴板中,便于后续的粘贴滤镜操作。
- "复制所有滤镜"选项,可以将已经使用的所有滤镜效果及参数复制到计算机的剪贴板中,便于后续的粘贴滤镜操作。
- "粘贴滤镜"选项,可以将剪贴板中的滤镜及参数粘贴到当前所选的元件上。
- "重置滤镜"选项,可以将所选的滤镜其全部参数还原为默认值。
- "另存为预设"选项,可以将当前所有使用的滤镜及其参数保存为预设滤镜,再次使用时可以直接打开该预设滤镜,即可显示所有使用过的滤镜及其参数,避免了重新调整。
- "编辑预设"选项,可以编辑之前保存的预设滤镜中的相关参数。

4.3.2　滤镜的种类

　　在 Animate 中,滤镜有"投影""模糊""发光""斜角""渐变发光""渐变斜角""调整颜色"七种效果。

　　"投影"滤镜的"属性"面板如图 4-16 所示,其中,调节"模糊 X"和"模糊 Y"两个参数,可以使阴影效果更加柔和,这两个参数无论调整哪个,另一个参数也会随之变为相同的数值;调整"强度"参数可以修改阴影的浓度;如果觉得阴影不够细腻,可以将"品质"设置为"高";阴影的角度可以在"角度"参数中调整;"距离"参数用于调整阴影和物体之间的距离值;"颜色"参数用于改变阴影的色彩。

　　"模糊"滤镜的"属性"面板如图 4-17 所示,其中,调节"模糊 X"和"模糊 Y"两个参数,可以使物体的模糊程度发生变化,同样,也可以在"品质"中调节模糊的质量。

图 4-16　　　　　　　　　　　　　　　　　　　图 4-17

　　"发光"滤镜的"属性"面板如图 4-18 所示，该滤镜可以使元件产生发光的效果，相当于 Photoshop 中的"外发光"和"内发光"的图层样式效果。发光的柔和度可以在"模糊 X"和"模糊 Y"两个参数中调整，除强度、品质和颜色外，还可以设置"挖空"或"内发光"效果。

　　"斜角"滤镜前面已经介绍过了，除一般的参数外，还可以设置为"内侧""外侧""全部"三种效果，如图 4-19 所示。

图 4-18　　　　　　　　　　　　　　　　　　图 4-19

其他三种滤镜的使用方法大同小异，此处不再赘述。

4.4　示范实例——绘制水中倒影

视频
教程

　　本节通过一个简单的实例，来阐述遮罩和滤镜相结合的绘制方法。

　　（1）打开配套资源中的"04-02-水中倒影-素材.fla"，素材中的画面显示湖中有一座小岛，但是湖面却没有小岛的倒影。下面开始绘制小岛的倒影，在时间轴里的"背景"图层之上新建"水中倒影"图层，如图 4-20 所示。

　　（2）在"小岛"图层里选中小岛的全部内容，复制并粘贴到"水中倒影"图层，执行菜单命令"修改"→"变形"→"垂直翻转"，将复制的小岛倒过来，并放在合适的位置，如图 4-21 所示。

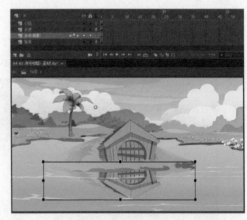

图 4-20　　　　　　　　　　　　　　　　　　图 4-21

　　（3）在"水中倒影"图层里选中所有物体，按 F8 键，弹出"转换为元件"对话框，在"名称"文本框输入"水中倒影"，类型选择"影片剪辑"，如图 4-22 所示。

　　（4）双击进入"水中倒影"元件内部，在时间轴里的"水中倒影"图层之上新建"遮罩层"图层，把库中的"水波"元件拖进来，并完全覆盖"水中倒影"元件，如图 4-23 所示。

图 4-22   图 4-23

（5）右击"遮罩层"图层，这时就会看到"遮罩层"和"水中倒影"两个图层都被锁定了，水中倒影的效果就显现出来了，如图 4-24 所示。

（6）回到舞台，选中"水中倒影"元件，在"属性"面板的"滤镜"下拉菜单中，单击"+"按钮，在弹出菜单中选择"模糊"滤镜，将"模糊"参数值均设置为"8 像素"，"品质"设置为"高"，这样，倒影就会变得有些模糊，更接近实际效果，如图 4-25 所示。

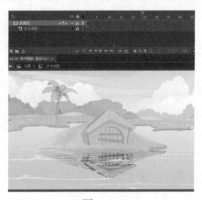

图 4-24   图 4-25

（7）但是，当前的水中倒影太亮了，需要把它变得暗一些。在"属性"面板的"色彩效果"下拉菜单中，把"样式"设置为"亮度"，并将"亮度"参数设置为 -50%，这样，倒影就变得更暗一些，效果更加逼真，如图 4-26 所示。

图 4-26

本例的源文件可参考配套资源中的"04-02- 水中倒影 - 完成 .fla"。

4.5 示范实例——绘制小男孩角色

视频
教程

本节将使用之前所学的知识点，来制作一个简单的小男孩角色[1]，最终效果如图 4-27 所示。

图 4-27 中的右图，过渡非常柔和，又有一些纹理的效果。在 Animate 中，如果按照常规的绘制方法，该效果是极难实现的。但是，借助遮罩和滤镜中的一些功能，就可以轻松地实现该效果。

图 4-27

（1）打开配套资源中的"04-03- 男孩 - 素材 .fla"，该文件中绘有一位小男孩，现在需要将他的"暗部"勾勒出来。但是，如果直接在色块所在的图层中进行绘制，由于存在不使用的颜色色块，可能导致绘制的线条被打乱。因此，需要新建一个"图层 _1"图层，在该图层中使用线条工具并配合选择工具，将小男孩的"暗部"轮廓绘制出来，如图 4-28 所示。

（2）由于线条和色块不在同一个图层，因此，需要将线条复制到色块所在的图层中。在"图层 _1"里选中所有线条，按 Ctrl+X 组合键将其剪切，再单击色块所在的"底色"图层，按 Shift+Ctrl+V 组合键，将线条粘贴至该图层，且不需要调整位置，如图 4-29 所示。

图 4-28

图 4-29

（3）在"底色"图层中，选中被轮廓线分开的"暗部"色块，按 Ctrl+C 组合键复制（注意是复制而不是剪切），再到"图层 _1"中按 Ctrl+V 组合键粘贴，将小男孩的"暗部"独立放在一个图层中，之后回到"底色"图层，将所有的轮廓线选中并删除，如图 4-30 所示。

（4）在"图层 _1"中选中所有的"暗部"色块，按 F8 键弹出"转换为元件"对话框，如图 4-31 所示，在对话框中选择"影片剪辑"类型，并命名为"暗部"，单击"确定"按钮。这样，"底色"图层放置原始的小男孩色块，"暗部"元件放置小男孩的"暗部"色块。

（5）选中"暗部"元件，在"属性"面板中，打开"滤镜"下拉菜单，为它添加"调整颜色"滤镜，并将"亮度"参数值设置为"-48"，这样就可以降低亮度，形成实际意义的"暗部"，如图 4-32 所示。

（6）为"暗部"元件添加"模糊"滤镜，将"模糊"参数值均设置为"12 像素"，"品质"

---

[1] 本例由原郑州轻工业学院动画系 08 级同学褚申宁制作完成。

设置为"高"，使整个"暗部"变得柔和，以便与下面的色块更好地融合，如图 4-33 所示。

图 4-30

图 4-31

图 4-32

图 4-33

（7）现在会发现，"暗部"的部分区域已经超出了小男孩身体范围，接下来使用遮罩解决该问题。在时间轴里选中"底色"图层，将其复制一次并置于顶层，命名为"遮罩"图层，如图 4-34 所示。

（8）右击"遮罩"图层，在弹出的菜单中选择"遮罩层"命令，使其变为"暗部"图层的"遮罩层"，这样，小男孩身体范围以外的"暗部"区域就消失了，如图 4-35 所示。

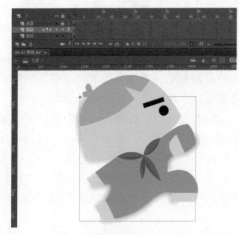

图 4-34

图 4-35

（9）参照步骤（1）~（3），勾勒出小男孩的"亮部"，如图 4-36 所示。

（10）将小男孩的"亮部"色块全部复制到"图层_2"中，并将"亮部"色块转换为"影片剪辑"元件，命名为"亮部"，如图 4-37 所示。

图 4-36

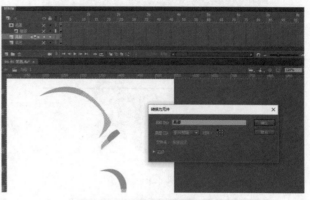

图 4-37

（11）为"亮部"元件添加"调整颜色"滤镜，将"亮度"参数值设置为"48"；然后，再添加"模糊"滤镜，将"模糊"参数值均设置为"12 像素"，"品质"设置为"高"，使"亮部"柔化，如图 4-38 所示。

（12）将"亮部"图层拖到"遮罩"图层之下，并锁定"亮部"图层，这样，小男孩身体之外的"亮部"区域就消失了，如图 4-39 所示。

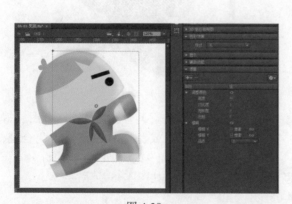

图 4-38

图 4-39

（13）制作小男孩的纹理效果。通过前面所讲的内容，我们可以确定制作纹理的思路：先绘制好纹理，再通过遮罩将纹理限定在小男孩之上显示，方法如下。

在时间轴里的顶层，新建"图层_3"图层，使用工具箱中的矩形工具绘制一个细长的矩形，填充为纯黑色，并将轮廓线删除，放在舞台中央，如图 4-40 所示。

（14）按 V 键切换到选择工具，按住 Alt 键的同时，用鼠标拖曳矩形，可以复制矩形，重复上述操作，复制大量矩形形成纹理图案，填满整个舞台区域，如图 4-41 所示。

（15）选中所有的矩形（即全部纹理），按 Q 键切换到任意变形工具，按 Shift 键逆时针旋转 45°，使纹理完全覆盖小男孩，如图 4-42 所示。

（16）将"图层_3"重命名为"纹路"，并将"纹路"图层拖入"遮罩"图层，使其置于"亮部"和"暗部"图层之下，锁定"纹路"图层。这样，小男孩已经有了斜向的纹理效果，如图 4-43 所示。

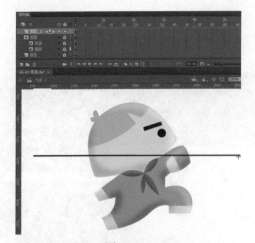

图 4-40

图 4-41

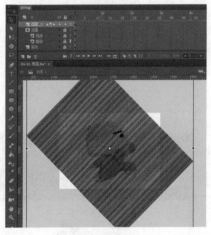

图 4-42

图 4-43

（17）但是，图 4-43 中的纹理效果太重了，接下来对纹理进行调整。将"纹路"图层解除锁定，选中全部纹理图案，执行菜单命令"窗口"→"颜色"，或者按 Alt+Shift+F9 组合键，打开"颜色"面板，将"A"参数值设置为"10%"，使纹理更柔和一些，如图 4-44 所示。

（18）重新锁定"纹路"图层，会看到新的纹路效果好多了，如图 4-45 所示。

本例的源文件可参考配套资源中的"04-03- 男孩 .fla"。

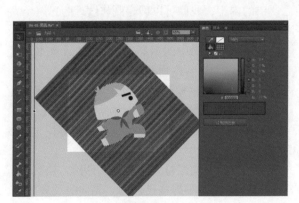

图 4-44

图 4-45

视频
教程

4.6　综合示范实例——绘制复杂角色九头龙

　　现如今，很多游戏和动画会涉及魔幻类的角色，一些设计师认为只有使用 Adobe Photoshop、Corel Painter 等拥有大量笔刷的绘画软件，才能够绘制出足够震撼的作品。相比较而言，有人认为 Animate 只适合制作中低端动画。但实际上，只要有足够的耐心，使用 Animate 同样能绘制出品质优良的原画作品，并且，通过 Animate 绘制的作品是矢量的，可以无限放大。

　　本节实例[①]的内容为绘制复杂角色九头龙，通过讲解完整的绘制流程，帮助读者巩固遮罩和滤镜的使用方法。图 4-46 是九头龙的草稿及最终效果图。

图 4-46

4.6.1　绘制前景里的龙

　　（1）新建一个 Animate 文件，设置舞台大小为 1000×800 像素。执行菜单命令"文件"→"导入"→"导入到舞台"（或者按 Ctrl+R 组合键），将配套资源中的"04-04- 龙 .jpg"导入舞台，并调整好位置。该文件是一张绘制好的角色设置草稿——九头龙。

　　（2）将放置角色设置草稿的图层重命名为"草稿"，并锁定。新建"前头 - 大形"图层，使用直线工具，开始绘制前景里的龙（下文简称前景龙）的头部轮廓线，如图 4-47 所示。

　　（3）按 V 键切换到选择工具，沿着草稿中的痕迹，将轮廓线调整为曲线，将前景龙的头部轮廓勾勒出来，如图 4-48 所示。

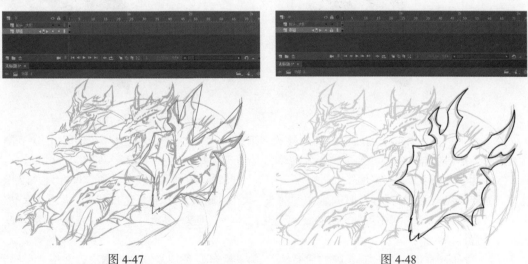

图 4-47　　　　　　　　　　　　　　　　　图 4-48

---

① 本例由原郑州轻工业学院动画系 03 级同学宋帅设计完成。

（4）在"前头 - 大形"图层中，使用直线工具，勾勒龙脸部的轮廓线，如图 4-49 所示。

（5）使用选择工具，将步骤（4）绘制的龙脸部的轮廓线调整为曲线，如图 4-50 所示。

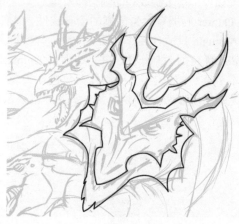

图 4-49   图 4-50

（6）将前面面积较小的龙脸部分选中，剪切并粘贴到新图层"前头 - 脸"中，对该脸部区域填充浅绿色，回到"前头 - 大形"图层，将外围面积较大的龙头区域填充为深绿色，如图 4-51 所示。

（7）在"前头 - 大形"图层中，勾勒出鼻子的形状，并将鼻子的色块剪切、粘贴到新图层"前头 - 鼻子"中，对鼻子区域填充深褐色，如图 4-52 所示。

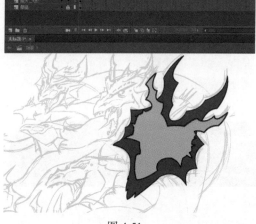

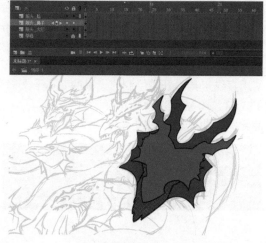

图 4-51   图 4-52

（8）在"前头 - 大形"图层中绘制龙脸的"暗部"，填充为墨绿色，将"暗部"色块复制到新图层，把"暗部"色块转换为"影片剪辑"元件"前头 - 大形 - 暗面"，如图 4-53 所示。

（9）为"前头 - 大形 - 暗面"元件添加"模糊"滤镜，将"模糊"参数值均设置为"12 像素"，"品质"设置为"高"。在时间轴中"前头 - 大形 - 暗面"之上新建"前头 - 大形 - 遮罩"图层，将"前头 - 大形"图层中的内容复制于此，并将"前头 - 大形 - 遮罩"图层转换为"遮罩层"，如图 4-54 所示。

（10）使用同样的方法绘制龙脸的"亮部"，将"亮部"色块复制到新图层，并将"亮部"色块转换为"影片剪辑"元件"前头 - 大形 - 亮面"，如图 4-55 所示。

（11）为"前头 - 大形 - 亮面"元件添加"模糊"滤镜，将"模糊"参数值均设置为"12 像素"，"品质"设置为"高"。在时间轴里，将"前头 - 大形 - 亮面"拖到"前头 - 大形 - 遮罩"之下，如图 4-56 所示。

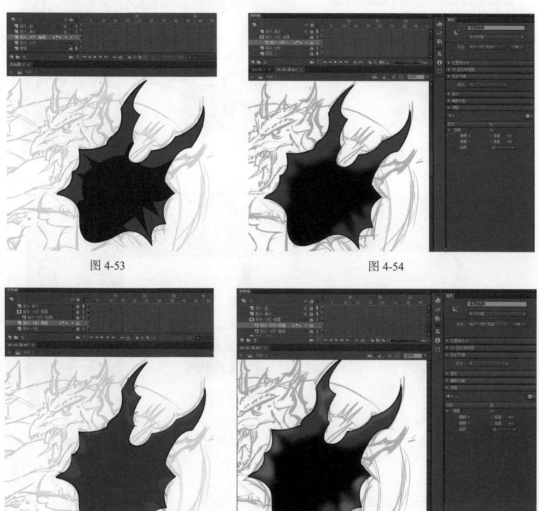

图 4-53

图 4-54

图 4-55

图 4-56

（12）绘制"前头 - 脸"的"暗部"效果，将"暗部"色块复制到新图层，并将"暗部"色块转换为"影片剪辑"元件"前头 - 脸 - 暗面"，如图 4-57 所示。

（13）为"前头 - 脸 - 暗面"元件添加"模糊"滤镜，由于龙的脸部为近景，所以对比度要稍微强烈些，将"模糊"参数值均设置为"8 像素"，"品质"设置为"高"，如图 4-58 所示。

（14）绘制"前头 - 脸"的"亮部"效果，将"亮部"色块复制到新图层，并将"亮部"色块转换为"影片剪辑"元件"前头 - 脸 - 亮面"，如图 4-59 所示。

（15）为"前头 - 脸 - 亮面"元件添加"模糊"滤镜，将"模糊"参数值均设置为"8 像素"，"品质"设置为"高"。在时间轴里的"前头 - 脸 - 亮面"和"前头 - 脸 - 暗面"之上新建图层"前头 - 脸 -z"，将"前头 - 脸"图层中的内容复制于此，并将"前头 - 脸 -z"转换为"遮罩层"，然后将"前头 - 脸 - 亮面"和"前头 - 脸 - 暗面"拖到"前头 - 脸 -z"之下，如图 4-60 所示。

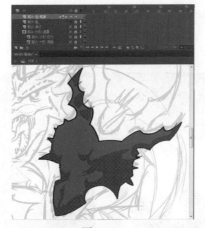

图 4-57

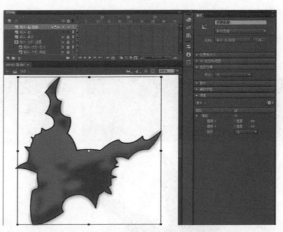

图 4-58

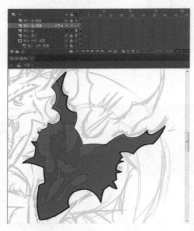

图 4-59

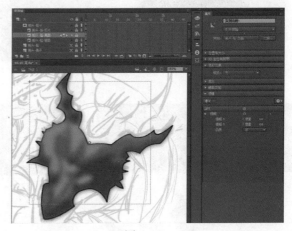

图 4-60

（16）按照上面的方法，绘制"前头 - 鼻子"的"暗部"，将"暗部"色块复制到新图层，并将"暗部"色块转换为"影片剪辑"元件"前头 - 鼻子 - 暗面"，为其添加"模糊"滤镜，将"模糊"参数值均设置为"8 像素"，"品质"设置为"高"，如图 4-61 所示。

（17）参照步骤（16），绘制并创建"前头 - 鼻子 - 亮面"元件，为其添加"模糊"滤镜，将"模糊"参数值均设置为"4 像素"，"品质"设置为"高"，如图 4-62 所示。

图 4-61

图 4-62

（18）在时间轴的顶层新建"前头 - 细节"图层，使用直线工具绘制脸部的结构线，绘制眼睛和鼻孔，并填充颜色，如图 4-63 所示。

（19）按照图 4-64 所示的效果，在"前头 - 细节"图层进一步绘制结构线，着重围绕外形和鼻子进行绘制，增加细节，提高层次感。

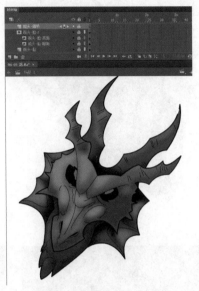

图 4-63 　　　　　　　　　　　　　　　　　图 4-64

（20）给龙的眼珠增加几层色阶，眼珠由外到内从橙色向黄色过渡。

新建图层"前头 - 斑纹"，在该图层添加龙脸部的斑纹，这一步需要耐心操作，因为角色的细节越多，就会使形象越精致，如图 4-65 所示。

图 4-65

（21）在时间轴里的"前头 - 脸"和"前头 - 鼻子 - 遮罩"之间新建图层"前头 - 牙齿"，在该图层绘制龙的牙齿并填充为黄色，如图 4-66 所示。

（22）在时间轴里的"前头 - 脸 - 亮面"之上新建图层，在该图层绘制"暗部"的"反光"部分，由于龙的整体色调为绿色，因此，"反光"部分的颜色设置为绿色的补色——红色。将该图层所有色块选中，并转换为"影片剪辑"元件"前头 - 脸 - 反光"，为其添加"模糊"滤镜，将"模糊"参数值均设置为"8 像素"，"品质"设置为"高"。最后，将该元件拖到"前头 - 脸 -z"之下，如图 4-67 所示。

（23）参照步骤（22），为龙的鼻子和外形部分增加"反光"部分，效果如图 4-68 所示。

（24）在时间轴里的顶层新建图层，在该图层添加脸部的红色光晕，将该图层所有色块选中，并转换为"影片剪辑"元件"前头 - 气氛"，为其添加"模糊"滤镜，模拟龙眼射出的红光效果，如图 4-69 所示。

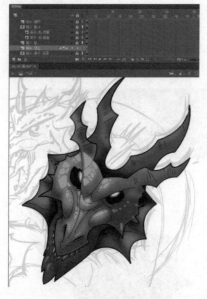

图 4-66

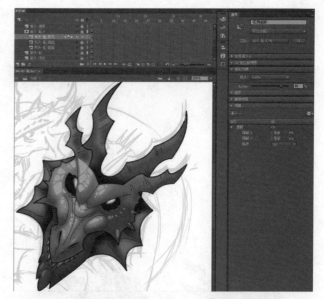

图 4-67

图 4-68

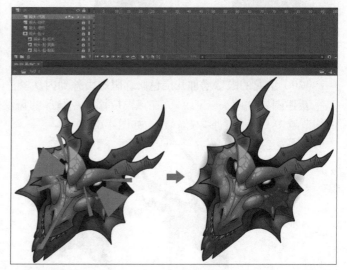

图 4-69

（25）在时间轴里新建"前头"图层文件夹，将前景龙的所有头部图层拖到该图层文件夹中，为后续的绘制操作做准备。

接下来，绘制前景龙的身体部分。新建"前身 - 大形"图层，将该图层放在"前头"文件夹的下方，在"前身 - 大形"图层中，沿着草稿中的痕迹，绘制身体轮廓线。需要注意，将龙的身体分为两个封闭区域（即背部和腹部），如图 4-70 所示。

（26）为龙的背部填充深绿色，为龙的腹部填充深棕色，如图 4-71 所示。

（27）新建一个图层，在该图层绘制身体的"暗部"，将"暗部"色块转换为"影片剪辑"元件"前身 - 暗面"，如图 4-72 所示。

（28）为"前身 - 暗面"元件添加"调整颜色"滤镜，将"亮度"参数值设置为"-48"；再添加"模糊"滤镜，将"模糊"参数值均设置为"20 像素"，"品质"设置为"高"，如图 4-73 所示。

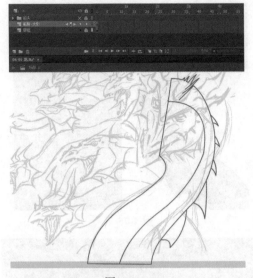

图 4-70

图 4-71

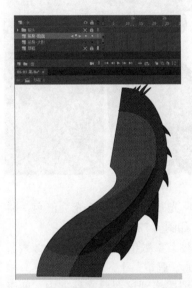

图 4-72

图 4-73

（29）新建一个图层，在该图层绘制身体的"亮部"，将"亮部"色块转换为"影片剪辑"元件"前身 - 亮面"，如图 4-74 所示。

（30）为"前身 - 亮面"元件添加"调整颜色"滤镜，将"亮度"参数值设置为"48"；再添加"模糊"滤镜，将"模糊"参数值均设置为"16 像素"，"品质"设置为"高"。

将"前身 - 大形"图层重命名为"前身 - 大形 - 遮罩"，并转换为"遮罩层"；再把"前身 - 亮面"和"前身 - 亮面"拖到"前身 - 大形 - 遮罩"之下，并将"前身 - 亮面"和"前身 - 亮面"调整为"被遮罩"图层，如图 4-75 所示。

（31）新建一个图层，在该图层绘制腹部的纹路效果，这里建议读者绘制好一个纹路图案后，再多次复制，从而提高工作效率。将绘制好的纹路图案全部选中，转换为"影片剪辑"元件"前身 - 纹路"，如图 4-76 所示。

（32）为"前身 - 纹路"元件添加"模糊"滤镜，将"模糊"参数值均设置为"8 像素"，"品质"设置为"低"，这样做是为了模拟色块的手绘感，如图 4-77 所示。

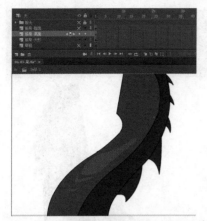

图 4-74

图 4-75

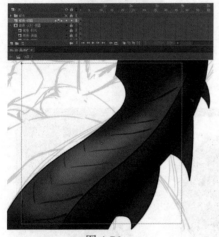

图 4-76

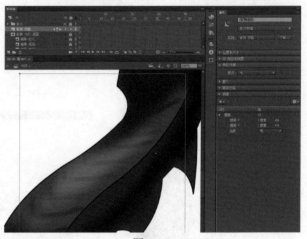

图 4-77

（33）新建一个图层，在该图层绘制身体"暗部"的"反光"部分，并填充为红色，将"反光"部分选中，转换为"影片剪辑"元件"前身 - 反光"，如图 4-78 所示。

（34）为"前身 - 反光"元件添加"模糊"滤镜，将"模糊"参数值均设置为"18 像素"，"品质"设置为"高"，然后将"前身 - 反光"拖到"前身 - 大形 - 遮罩"下。

新建"前身"图层文件夹，将前景龙的所有身体部分的图层拖到该图层文件夹中，便于统一管理。

将时间轴里的所有图层都显示出来，查看当前效果，如果发现有瑕疵的话，进入相应的图层进行修改。这样，最复杂的前景龙就绘制完成了，如图 4-79 所示。

图 4-78

图 4-79

4.6.2　绘制中景里的龙

因为中景里的龙（下文简称中景龙）给人以较远的感觉，因此，没必要刻画得像前景龙那么细致，故中景里的三条龙可以一起绘制。

（1）在时间轴里新建"中头 - 大形"图层，将其放在前景龙的所有图层之下。在"中头 - 大形"图层中，勾勒中景龙的头部轮廓线。需要注意，这三条龙是张着嘴的，因此要单独绘制每条龙的嘴部，便于后续填充颜色，如图 4-80 所示。

（2）对中景龙的头部填充深绿色，对鼻子填充深褐色，对嘴部填充浅褐色，如图 4-81 所示。

图 4-80　　　　　　　　　　　　　　图 4-81

（3）绘制龙头的"暗部"，并将"暗部"色块复制到新图层，选中该图层中的所有色块，将其转换为"影片剪辑"元件"中头 - 暗面"，并为元件添加"调整颜色"滤镜，将"亮度"参数值设置为"-28"；再添加"模糊"滤镜，将"模糊"参数值均设置为"6 像素"，"品质"设置为"高"，效果如图 4-82 所示。

图 4-82

（4）绘制龙头的"亮部"，并将"亮部"色块复制到新图层，选中该图层中的所有色块，将其转换为"影片剪辑"元件"中头 - 亮面"，并为元件添加"调整颜色"滤镜，将"亮度"参数值设置为"28"；再添加"模糊"滤镜，将"模糊"参数值均设置为"6 像素"，"品质"设置为"高"，效果如图 4-83 所示。

（5）新建"中头 - 细节"图层，在该图层中，按照草稿的痕迹添加中景龙的结构线，并绘制出眼睛部分；新建"中头 - 斑纹"图层，在该图层中，为中景龙的头部增加浅绿色斑纹，提高画面的精细度；新建一个图层，在该图层绘制红色"反光"色块，将"反光"色块转换为"影片剪辑"元件"中头 - 反光"，并添加"模糊"滤镜。

复制"中头 - 大形"图层，将其转换为"遮罩层"，放在上述图层之上；并将"中头 - 亮面""中头 - 暗面""中头 - 细节""中头 - 斑纹""中头 - 反光"拖到"中头 - 大形"之下，变为"被遮罩"图层，效果如图4-84所示。

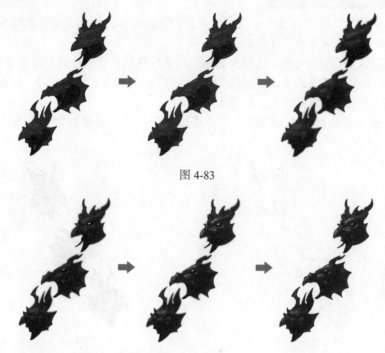

图4-83

图4-84

（6）新建"中身 - 大形"图层，在该图层绘制中景龙的身体，需要注意，龙身体内的腹部要单独绘制，便于分别填充颜色，如图4-85所示。

（7）新建图层，在该图层绘制龙身体的"暗部"，将绘制好的"暗部"色块选中，转换为"影片剪辑"元件"中身 - 暗面"，再依次添加"调整颜色"和"模糊"滤镜，将"亮度"参数值设置为"-36"，"模糊"参数值均设置为"12像素"，"品质"设置为"高"，如图4-86所示。

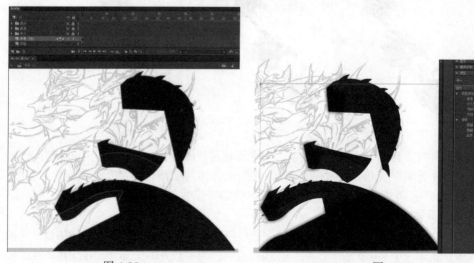

图4-85

图4-86

（8）新建图层，在该图层绘制龙身体的"亮部"，将绘制好的"亮部"色块选中，转换为"影片剪辑"元件"中身 - 亮面"，再依次添加"调整颜色"和"模糊"滤镜，"亮度"参数值设置为"24"，"模糊"参数值均设置为"12像素"，"品质"设置为"高"，如图4-87所示。

（9）新建图层，在该图层绘制龙身体的"反光"色块并填充为红色，将绘制好的"反光"色块选中，转换为"影片剪辑"元件"中身 - 反光"，并添加"模糊"滤镜。然后，复制"中身 - 大形"图层，将其转换为"遮罩层"，将"中身 - 亮面""中身 - 暗面""中身 - 反光"拖到"中身 - 大形"之下，变为"被遮罩"图层，绘制好的前景龙和中景龙的效果如图 4-88 所示。

图 4-87　　　　　　　　　　　　　　　　　　图 4-88

4.6.3　绘制远景里的龙

（1）绘制远景里的龙（下文简称远景龙），其方法和绘制中景龙一样。绘制三条远景龙的外形后，添加"亮部"和"暗部"，具体过程不再赘述，效果如图 4-89 所示。

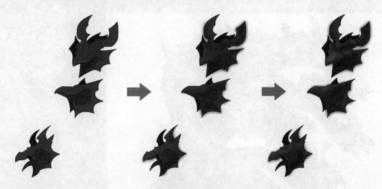

图 4-89

（2）新建"远头 - 细节"图层，添加远景龙的结构轮廓线和眼睛；新建"远头 - 斑纹"图层，添加远景龙脸部的斑纹；新建"远头 - 反光"图层，添加远景龙的"反光"部分。然后，复制"远头 - 大形"图层，将其转换为"遮罩层"，并将"远头 - 亮面""远头 - 暗面""远头 - 细节""远头 - 斑纹""远头 - 反光"拖到"远头 - 大形"之下，变为"被遮罩"图层。

新建"远头"图层文件夹，将相关图层都放入该文件夹内，锁定后收起，三只远景龙的龙头效果如图 4-90 所示。

（3）绘制远景龙的身体，并分别添加"亮部""暗部""反光"部分，并仿照步骤（2）添加"遮罩层"和"被遮罩"图层，创建相关的图层文件夹，三条远景龙的身体效果如图 4-91 所示。

（4）绘制最远端的两条龙，填充为墨绿色即可。九头龙的最终效果如图 4-92 所示。

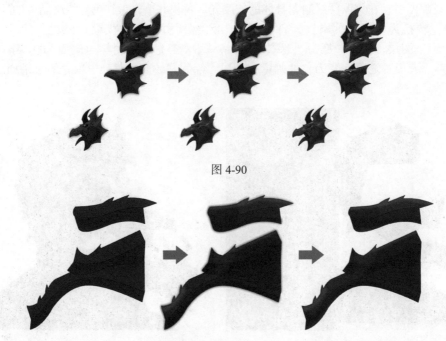

图 4-90

图 4-91

图 4-92

本例的源文件可参考配套资源中的 "04-04- 龙 .fla"。

本 章 小 结

本章针对 Animate 中的遮罩功能、滤镜功能以及一些复杂的绘制方法进行了深入讲解。需要注意，这类方法一般只适用于绘制静态图像，并不适用于制作动画，因为用这类方法绘制的角色的光影效果会比较细腻，如果想产生动态变化，画面中的很多地方无法准确对位，动画效果就会产生严重错误。

　　可能有读者觉得使用 Photoshop 之类的位图软件绘制速度更快，但是，使用 Animate 绘制的图片可以输出矢量图，并且画面非常精细，在一些商业领域会有较大的优势，所以，读者可以根据实际需求选择相应的软件。

　　通过学习本章内容，读者能熟练掌握 Animate 的遮罩和滤镜功能，为后续章节进行动画制作做好准备。

练 习 题

　　打开配套资源中的"04-05- 设置图 .jpg"，该文件是一张绘有次世代角色的设置稿，根据本章所学内容，在 Animate 中绘制该角色，并使用滤镜和遮罩功能，对该角色进行修饰，最终效果如图 4-93 所示。

图 4-93

第 5 章

Animate 属性面板应用实例

5.1 "属性"面板概述

"属性"面板是 Animate 中使用最频繁的面板，在该面板中可以调整工具的属性、物体的属性以及文件的属性等。在"属性"面板中，有很多相关的参数可以设置，在实际操作中有巨大作用。

打开和关闭"属性"面板的快捷方式为 Ctrl+F3 组合键，可以让"属性"面板在显示和隐藏两种状态之间快速切换。

（1）在舞台的空白处单击，"属性"面板会显示整个文件的属性，如图 5-1 所示，单击右下方的"属性"下拉菜单，可以看到若干设置项，含义分别如下。

- FPS：帧频，可以设置动画的每秒播放帧数，单位是 fps。
- 大小：用于设置舞台的大小。
- 舞台后面的颜色方块：用于设置舞台的背景颜色。

（2）如果选中一个色块，"属性"面板也会发生相应的变化。单击"位置和大小"下拉菜单，可以看到若干设置项，含义分别如下。

- X 和 Y 后面的数值：表示色块在舞台当中位置的坐标。
- 宽和高后面的数值：表示色块的大小。

如图 5-2 所示，单击"填充和笔触"下拉菜单，可以看到若干设置项，含义分别如下。

- 画笔和油漆桶后面的颜色方块：用于设置轮廓线和色块的颜色。
- 笔触：用于控制轮廓线的粗细。
- 样式：用于设置轮廓线的类型，分为极细线、实线、虚线、点状线、锯齿线、点刻线、斑马线，共有七种。

其他几个参数是用于设置轮廓线的。

图 5-1

图 5-2

（3）如果选中一个组，"属性"面板会显示"位置和大小"下拉菜单，如图 5-3 所示。

（4）如果在时间轴里选中任意帧，"属性"面板会显示"标签"和"声音"下拉菜单，各设置项如图 5-4 所示。

图 5-3　　　　　　　　　　　　　　　图 5-4

（5）如果选中舞台中的文字，"属性"面板会显示"位置和大小""字符""段落"等下拉菜单，可以对文字进行编辑，各设置项如图 5-5 所示。

（6）如果选中元件，"属性"面板会显示若干下拉菜单，其中，"3D 定位和视图"下拉菜单是专门针对 Animate 中的 3D 工具设置的，需要配合工具栏中 3D 旋转工具或 3D 移动工具使用；"色彩效果"下拉菜单中的"样式"包含"无""亮度""色调""高级""Alpha"五个选项，用于对元件进行针对性的调整，这些设置项的使用频率较高；"显示"下拉菜单中的"混合"包含多种混合模式，类似于 Photoshop 的图层混合模式；另外，还有"滤镜"下拉菜单，如图 5-6 所示。

图 5-5　　　　　　　　　　　　　　　图 5-6

部分"属性"面板的参数设置在第 3 章中有过介绍，此处不再赘述。其他"属性"面板的参数设置方法将在后续章节中逐一介绍。

5.2　示范实例——绘制男孩卧室

视频
教程

选中某个元件，在"属性"面板中打开"色彩效果"下拉菜单，其中，"样式"下拉列表包含"无""亮度""色调""高级""Alpha"五个选项，它们可以对元件进行调整，本节将通过绘制男孩卧室的实例来讲解"色彩效果"的使用方法。

目前，市场上经常有 Animate 的相关素材库出售，包含大量的道具、家具、建筑、角色等源文件素材，如果通过正规渠道购买素材，则可以在商业项目中直接使用。在一些低制作成本的动画中，很多元素都是由素材构成的，但需要注意，由于素材的风格、色调等美术效果不统一，在使用时，需要挑选合适的素材；必要时，还要对素材进行调整，图 5-7 和图 5-8 都是素材库中的 Animate 源文件素材。

图 5-7   图 5-8

本节的实例①也是由这些素材构成的，要求设计一个小男孩的卧室，效果如图 5-9 所示。本例的源文件可参考配套资源中的"05-1- 男孩卧室 - 素材 .fla"，如图 5-10 所示。

图 5-9

图 5-10

5.2.1　调整素材的位置及大小

（1）新建"图层 1"，在该图层中绘制三个矩形，由上往下依次填充为浅紫色、深紫色、浅黄色。其中，浅紫色矩形作为墙壁、深紫色矩形作为踢脚线、浅黄色矩形作为地板，如图 5-11 所示。

（2）使用线条工具，绘制地板上的纹路，绘制完成后，将所有线条构成群组，放在浅黄色矩形上方，如图 5-12 所示。

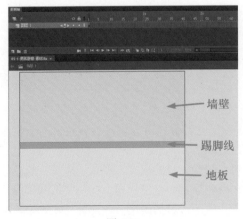

墙壁

踢脚线

地板

图 5-11

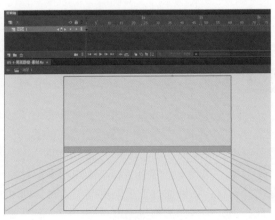

图 5-12

---
① 本例由原郑州轻工业学院动画系 05 级同学佘静制作完成。

（3）在画面中确定卧室光源的位置，即光照射的方向，这样便于绘制每个物体的受光区域和背光区域。一般情况下，光源不宜从正上方照射，这样会使受光区域和背光区域形成上下关系，画面效果不理想。所以，通常将光源设置在斜上方，在本例中，将光源的位置设置在右上方。使得每个物体的受光区域在自身的右侧，而背光区域在自身的左侧。

为墙壁和地板绘制背光面，如图 5-13 所示。同时，为了便于管理，将墙壁、踢脚线和地板构成群组，避免在后续制作过程中误选。

（4）在地板上绘制一块小地毯，并绘制背光区域，构成群组，如图 5-14 所示。

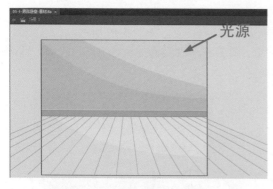

图 5-13　　　　　　　　　　　　　　　　图 5-14

（5）将小柜子、桌子放入场景中，并摆好位置。另外，男孩的房间可以放一些体育用品，因此把棒球棒也放入场景中，使其斜靠在桌旁，将小柜子、桌子和棒球棒构成群组，并排列好前后顺序，如图 5-15 所示。

（6）现在的场景效果似乎有些飘，这是由于物体之间缺乏关系造成的。一般情况下，因为有光源，物体之间存在投影与被投影的关系。绘制投影可以使物体之间的关系更明确，也可以增加画面立体感，一般要遵循以下原则：越重的物体投影越深，越轻的物体投影越浅。

绘制小柜子、桌子和棒球棒的投影，并将三者的投影构成群组，如图 5-16 所示。

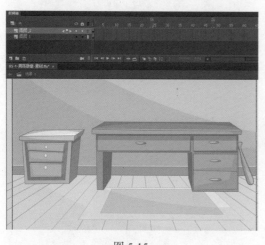
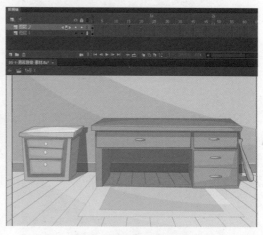

图 5-15　　　　　　　　　　　　　　　　图 5-16

（7）将窗户和背景放入场景中，使窗户置于背景之前，再将窗帘放入场景中，放在窗户的两旁，将这几个物体构成群组，如图 5-17 所示。

（8）为窗户和两侧的窗帘添加在墙壁、桌子上的投影，并将上述投影构成群组，如图 5-18 所示。

图 5-17   图 5-18

（9）将计算机和小台灯放入场景中，构成群组，并摆好位置，如图 5-19 所示。

（10）添加计算机和小台灯的投影，需要注意，计算机会在后面的窗台上产生投影，这部分投影需要在窗户的图层中绘制，如图 5-20 所示。

图 5-19   图 5-20

（11）将椅子放入场景中，构成群组，如图 5-21 所示。

（12）添加椅子在地毯上的投影，以及椅子在桌子上产生的投影，如图 5-22 所示。

图 5-21   图 5-22

（13）放入其他物体，分别构成群组，并摆好位置，如图 5-23 所示。

（14）为各物体添加投影效果，如图 5-24 所示。

图 5-23   图 5-24

5.2.2　使用色彩效果调整素材

整个场景虽然摆好了，但由于素材各不相同，因此整体风格显得有些乱，接下来使用"属性"面板进行逐一调整。

（1）执行菜单命令"文件"→"导入"→"导入到库"，将配套资源中的"05-1-男孩卧室-素材.png"导入到库中，该文件是一张墙纸纹理图，把它放在墙壁之上，给墙壁增加一些纹理效果。但是仔细观察，会感觉到该纹理与整个场景的风格冲突，如图 5-25 所示。

（2）在舞台中选中这张墙纸纹理图，将其转换为元件，这时再按 Ctrl+F3 组合键打开"属性"面板，在"色彩调整"下拉菜单的"样式"中，选择"Alpha"（透明度），将参数值设置为"49%"，降低墙纸纹理图的透明度，如图 5-26 所示。

图 5-25　　　　　　　　　　　　　　　图 5-26

（3）调整后的墙纸纹理图效果依然和整个场景的色调不符，故再选中墙纸纹理图，打开"属性"面板的"显示"下拉菜单，在"混合"后面的下拉列表中选择"叠加"模式，使墙纸和后面的墙壁进行混合，这样效果就好多了，如图 5-27 所示。

（4）调整椅子的色调。先将椅子转换为元件，然后，在"属性"面板的"色彩效果"下拉菜单中选择"高级"样式，该样式可以对元件的色彩进行非常细致的调整，将"红"的参数值设置为"60%"（即消除了 40% 的红色）；将"蓝"后面的参数增加"30"（在"+"号后输入，即增加了 30% 的蓝色），使椅子的色调偏蓝，从而与整个场景色调一致，如图 5-28 所示。

图 5-27　　　　　　　　　　　　　　　图 5-28

（5）调整右下方的小凳子。先将小凳子转换为元件，然后在"属性"面板的"色彩效果"下拉菜单中选择"高级"样式，将"红"的参数值设置为"72%"；将"蓝"后面的参数增加"255"，使小凳子色调偏蓝，如图 5-29 所示。

（6）选中其他需要调整的物体，按照上述方法逐一调整。由于场景中的物体比较多，如果初次调整之后的画面色调依然不统一，则可以对场景进行一次整体调整。

选中几个图层并在其上右击，在弹出的菜单中选择"剪切图层"命令，再按 Ctrl+F8 组合键，新建"整体场景"元件，进入该元件内部，将所剪切的几个图层粘贴进来。这样，该场景就被转换为一个单独的元件了。

回到舞台中，将"整体场景"元件拖入并缩放到合适大小，在"属性"面板的"色彩效果"下拉菜单中选择"高级"样式，适当降低红色和绿色的色调，并增加一些蓝色色调，使整体场景的色调偏蓝。这样，整个场景的色调就更加统一了，如图 5-30 所示。

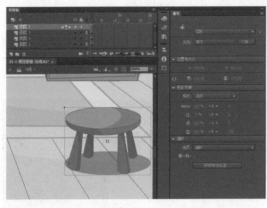
图 5-29

图 5-30

本例的源文件可参考配套资源中的"05-1-男孩卧室-完成.fla"。

5.3 示范实例——绘制景深效果

景深效果，是摄影技术里常用的一个词汇。一般而言，无论是摄像机还是照相机，它们都有聚焦的范围，进一步讲，就是将摄影的焦点放在某个距离段上，将处于这个距离段的物体清晰化，而脱离这个距离段的物体将被模糊化。这种效果被称为照相机或摄像机的景深（Depth of Field）。

本节通过实例讲解，使读者掌握调整"属性"面板中的滤镜参数的方法，从而学会模拟景深效果。图 5-31 为添加景深效果前后的对比图。

（1）打开配套资源中的"05-2-景深效果-

图 5-31

场景.fla"，在该场景中，有三个小男孩、背景和黑框，它们均被放在单独的图层中，如图 5-32 所示。

（2）将三个小男孩和背景都转换为元件。其中，前景男孩、中景男孩和背景要转换为"影片剪辑"元件，为了便于后期添加滤镜效果，如图 5-33 所示。

图 5-32

图 5-33

（3）选中前景男孩，由于焦点在黄色衣服的远景男孩身上，因此，前景男孩的虚化程度应该是最高的。按 Ctrl+F3 组合键进入"属性"面板，打开"滤镜"下拉菜单，添加"模糊"滤镜，将"模糊"参数值均设置为"20 像素"，"品质"设置为"高"，优化模糊效果，如图 5-34 所示。

（4）因为前景一般会比较暗，所以打开"属性"面板的"色彩调整"下拉菜单，添加"亮度"样式，将参数值设置为"-20%"，使前景男孩暗一些，如图 5-35 所示。

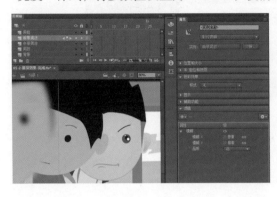
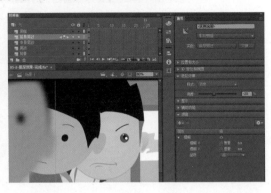

图 5-34　　　　　　　　　　　　　　　　图 5-35

（5）选中中景男孩，添加"模糊"滤镜，将"模糊"参数值均设置为"10 像素"，"品质"设置为"高"。再打开"色彩调整"下拉菜单，添加"亮度"样式，将参数值设置为"-10%"，如图 5-36 所示。

（6）选中背景，添加"模糊"滤镜，将"模糊"参数值均设置为"10 像素"，"品质"设置为"高"。远景可以适当提高亮度，因此，打开"色彩调整"下拉菜单，添加"亮度"样式，将参数值设置为"10%"，如图 5-37 所示。

图 5-36　　　　　　　　　　　　　　　　图 5-37

本例的源文件可参考配套资源中的"05-2-景深效果 - 完成 .fla"。

5.4　示范实例——绘制立体大炮

经常使用 Adobe Photoshop 的读者可能对"图层"的概念有深刻的印象，而"图层"面板中的"图层混合模式"能够创造出很多神奇的效果。实际上，在 Animate 中也存在"图层混合模式"，即"属性"面板中"显示"下拉菜单里的参数，这些参数只供"影片剪辑"和"按钮"元件使用，因此，如果需要使用这些功能，必须将相关物体转换为以上两种元件。

本节的实例[1]为绘制一门立体大炮，与一般的绘制手法不同，在该门大炮表面还要绘制各

① 本例由原郑州轻工业学院动画系 05 级同学漫晓飞制作完成。

种各样的纹理，增强立体感，如图 5-38 所示。

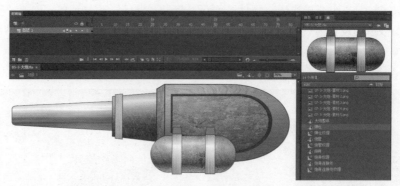

图 5-38

本例需要用到一些纹理图，来模拟大炮表面各种不同的质感，本书的配套资源提供了"05-3-大炮-素材1.png""05-3-大炮-素材2.png""05-3-大炮-素材3.png""05-3-大炮-素材4.png""05-3-大炮-素材5.png"，分别如图 5-39 所示。

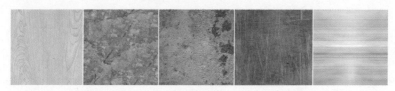

图 5-39

（1）绘制大炮的炮管。使用基本矩形工具绘制有圆角的矩形，并调整为炮管的形状，再使用颜料桶工具，为炮管填充渐变颜色，如图 5-40 所示。

（2）选中炮管，按 F 键，切换到渐变变形工具，旋转渐变色的角度，使得浅色在上、深色在下，令炮管有立体感。再按 Alt+Shift+F9 组合键，打开"颜色"面板，将炮管的渐变颜色变为六种色调，并在横向渐变颜色条中调整好每种颜色的位置，使炮管的立体感更加逼真，如图 5-41 所示。最后，将炮管转换为元件，并命名为"炮管"。

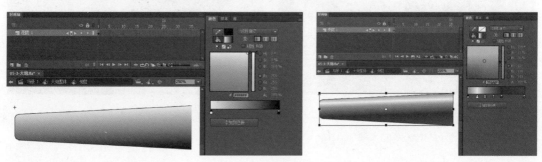

图 5-40   图 5-41

（3）执行菜单命令"文件"→"导入"→"导入到库"，将配套资源里的五张纹理图片导入库中，导入后再打开色盘，会看到这几张纹理图片以填充效果的形式出现了，所以，可以使用它们为色块进行填充，如图 5-42 所示。

（4）将炮管原位置复制一次，并把所复制的炮管剪切，粘贴到新图层中，为它填充"05-3-大炮-素材5.png"的纹理效果，再按 F 键，切换到渐变变形工具，调整纹理的大小和角度，如图 5-43 所示。

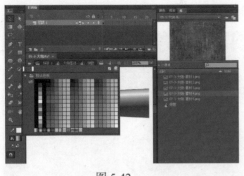 

图 5-42   图 5-43

（5）选中填充了纹理的炮管，按 F8 键，将其转换为"影片剪辑"元件，并命名为"炮管纹理"，如图 5-44 所示。

（6）选中"炮管纹理"元件，打开"属性"面板的"显示"下拉菜单，在"混合"下拉列表中选择"叠加"混合模式，会看到上面的纹理和下面的立体效果很好地融合在一起，如图 5-45 所示。

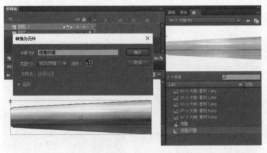 

图 5-44   图 5-45

（7）绘制炮身连接处。分别绘制两个色块，并填充不同的渐变效果，如图 5-46 所示。

（8）复制炮身连接处的两个色块至新图层，再分别用"05-3- 大炮 - 素材 1.png"和"05-3- 大炮 - 素材 4.png"填充炮身连接处的两个色块，然后将其转换为"影片剪辑"元件"炮身连接处纹理"，打开"属性"面板的"显示"下拉菜单，在"混合"下拉列表中选择"叠加"混合模式，如图 5-47 所示。

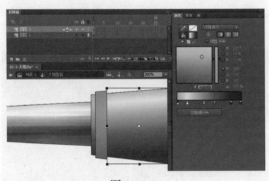 

图 5-46   图 5-47

（9）绘制炮身。分别绘制炮身的各色块，并为各部分填充渐变效果，由于结构比较复杂，可以将不同的色块构成群组，然后排列前后顺序，如图 5-48 所示。

（10）复制炮身的各色块至新图层，再分别用"05-3- 大炮 - 素材 1.png"和"05-3- 大炮 - 素材 2.png"填充炮身的各色块，然后将其转换为"影片剪辑"元件"炮身"，打开"属性"面板的"显示"下拉菜单，在"混合"下拉列表中选择"叠加"混合模式，如图 5-49 所示。

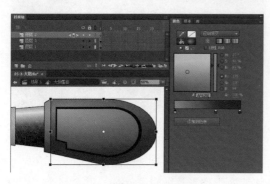 

图 5-48　　　　　　　　　　　　　　　　图 5-49

（11）绘制弹仓的色块，并填充渐变效果，设置渐变色时要注意光源方向统一，如图 5-50 所示。

（12）复制弹仓的色块至新图层，再分别用"05-3- 大炮 - 素材 3.png"和"05-3- 大炮 - 素材 5.png"填充色块，然后将其转换为"影片剪辑"元件"弹仓"，打开"属性"面板的"显示"下拉菜单，在"混合"下拉列表中选择"叠加"混合模式，如图 5-51 所示。

图 5-50　　　　　　　　　　　　　　　　图 5-51

（13）将所有零部件剪切，粘贴至新元件"大炮整体"中，使大炮成为一个单独的元件，如图 5-52 所示。

（14）选中"大炮整体"元件，在"属性"面板的"色彩调整"下拉菜单中，添加"亮度"样式，将参数值设置为"12%"，提高"大炮整体"的亮度，如图 5-53 所示。

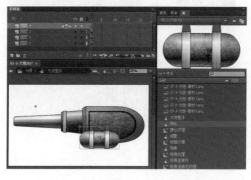 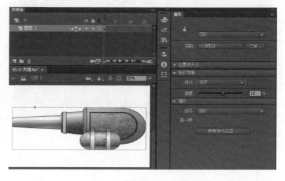

图 5-52　　　　　　　　　　　　　　　　图 5-53

本例的最终效果可参考配套资源里的"05-3- 大炮 .fla"。

本 章 小 结

　　本章通过引入多个实例，对 Animate 中的"属性"面板及其常用参数进行了详细讲解，希望读者能够熟练掌握这些命令及参数。

　　"属性"面板在实际制作中非常有用，尤其是"色彩调整"的使用频率最高。对于不同的元件，"属性"面板展现出来的参数也各不相同，例如，"滤镜"和"显示"功能只供"影片剪辑"和"按钮"元件使用。

练 习 题

　　结合本章所学内容，绘制一个室内场景，为各物体添加不同的纹理效果。

第 6 章

Animate 场景绘制应用实例

场景绘制是动画、游戏制作过程中必不可少的一环，与角色相比较，场景在画面中占的空间更大，也就意味着，场景绘制的水平决定着动画、游戏的画面质量。

本章主要介绍在 Animate 中进行场景绘制的应用方法。

6.1　场景中景别的概念

评判场景设计的一个重要标准就是"空间感"，在动画制作过程中，体现为景别是否拉开。景别是场景中的一个特殊的概念，在摄影技术中，它原本指由于摄影机与被拍摄物体的距离差异，造成被拍摄物体在电影画面里呈现出不同的范围。将这种解释引申到场景中，就是指场景的近景、中景、远景。

对于一张场景图片而言，就是要甄别这三种景别是否拉开了。如图 6-1 所示的场景有山和树（属于中景），以及远处的天空（属于远景）。但这样的场景深度不够，空间感不足。

图 6-1

对图 6-1 所示的场景添加了近景的山和树之后，使场景的景别丰富起来，有了错落有致的感觉，增加了场景的纵深感，效果如图 6-2 所示。

图 6-2

　　对图 6-2 所示的场景添加了远景的山脉之后，整个场景呈现出近、中、远三个景别，进一步增加了场景的纵深感、空间感，这就是所谓的拉开了景别，效果如图 6-3 所示。

图 6-3

6.2　示范实例——绘制自然风光场景

视频
教程

　　自然风光无疑是美丽的，制作这样的场景，需要考虑到它包含的空间很大，这就要求我们尽可能地拉开景别，把空间感体现出来。

　　打开配套资源里的"06-01-自然风景-素材.fla"，文件中包含本例需要的各种素材，如图 6-4 所示。下面开始绘制自然风光场景，步骤如下。

　　（1）规划整体场景。使用矩形工具，绘制一个占满舞台的矩形，然后填充为自上而下由蓝色到黄色的渐变效果，用来表现天空，如图 6-5 所示。

图 6-4

图 6-5

　　（2）绘制近景的山坡。使用钢笔工具，在矩形左下方绘制一个小山坡的图案，然后填充为自左下方到右上方由绿色到黄色的渐变效果，在小山坡的右上方再添加一种纯黄色，用于突出光照效果，如图 6-6 所示。

　　（3）绘制中景。采用步骤（2）的方法绘制中景里的几个小山坡，也将它们填充为由绿色到黄色的渐变效果，但颜色的对比度不要太强烈，如图 6-7 所示。

　　（4）为中景的小山坡绘制受光面，形状不需要很规范，可以稍微凌乱一些，填充偏黄色的光照效果，如图 6-8 所示。将近景的小山坡显示出来，这样，近景、中景的小山坡和远景的天空，构成了整个场景的三个层次，如图 6-9 所示。

图 6-6

图 6-7

图 6-8

图 6-9

（5）使用椭圆工具绘制一个椭圆作为远景的太阳，并添加渐变色，如图 6-10 所示。

（6）把"06-01- 自然风景 - 素材 .fla"中的云朵拖入场景，调整大小并摆放在合适的位置，将其转换为"影片剪辑"元件，并在"属性"面板中添加"模糊"滤镜，将"模糊"参数值均设置为"18 像素"，使得云朵看起来更柔和一些，如图 6-11 所示。

图 6-10

图 6-11

（7）把"06-01- 自然风景 - 素材 .fla"中的远山拖入场景，作为整个场景的超远景，并把太阳放在远山的后面，如图 6-12 所示。

（8）把"06-01- 自然风景 - 素材 .fla"中的树枝拖入场景，放在画面的右上方，作为整个场景的超近景，增加场景的层次感，如图 6-13 所示。

图 6-12

图 6-13

（9）现在画面中缺乏一个主物体，把"06-01- 自然风景 - 素材 .fla"中的大树拖入场景，放在近景的小山坡上，作为场景中的主物体，如图 6-14 所示。

（10）接下来，制作大树的影子效果，先把大树复制一次，然后使用任意变形工具，将所复制的大树进行翻转，并调整为阴影的形状，如图 6-15 所示。

图 6-14　　　　　　　　　　　　　　　图 6-15

（11）连续多次按下 Ctrl+B 组合键，将大树的阴影打散为"图形"，这样就可以为阴影部分重新选择颜色，如图 6-16 所示。

（12）将大树的阴影部分设置为渐变色，接近树根的位置颜色要深一些，然后，调整大树和阴影的连接部分，删除多余的图形部分，如图 6-17 所示。

图 6-16　　　　　　　　　　　　　　　图 6-17

（13）把"06-01- 自然风景 - 素材 .fla"中的石头拖入场景，放在大树的前面，增加近景的细节部分，让层次更加丰富，如图 6-18 所示。

（14）回到舞台中，对该场景进行整体调整，最终效果如图 6-19 所示。

图 6-18　　　　　　　　　　　　　　　图 6-19

本例的源文件可参考配套资源中的"06-01-自然风景-完成.fla"。

6.3 示范实例——绘制夜色中的城市场景

视频
教程

本例为绘制夜色中的城市场景。我们一般都有体会，夜晚的城市，光源较多，尤其是各种灯光交相辉映，因此，我们需要按照以上特点进行绘制。

（1）使用矩形工具，绘制背景的夜空，然后填充为自上而下由深蓝色到浅蓝色的渐变效果，如图 6-20 所示。

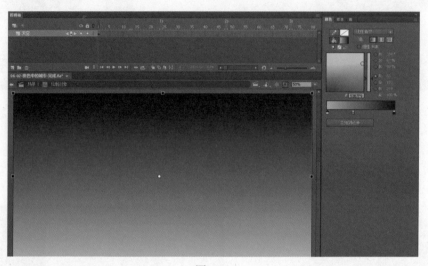

图 6-20

（2）为夜空添加一些星星，由于星星在画面中的占比很小，所以，不用精细绘制，用简单的圆形代表星星即可，如图 6-21 所示。

（3）新建"地面"图层，用矩形工具绘制一个长矩形作为地面，置于画面下方，并填充为深蓝色，如图 6-22 所示。

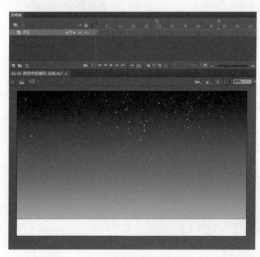

图 6-21

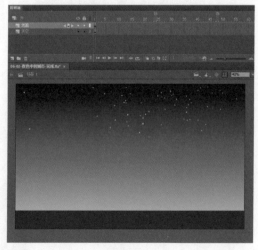

图 6-22

（4）绘制一个较大的椭圆形，选中后按 Ctrl+G 组合键，把它变为一个组，然后进入组内，打开"颜色"面板，将其填充为"径向渐变"的蓝色效果，椭圆中间区域的颜色透明度参数值设置为"100%"，其周边区域的颜色透明度参数值设置为"0%"，即呈现由中心向外逐渐透明的效果，如图 6-23 所示。

（5）回到舞台，把椭圆和地面重叠在一起，呈现出光线在地面逐渐散开的效果，如图 6-24 所示。

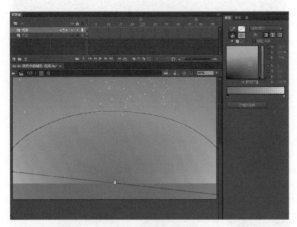 

图 6-23　　　　　　　　　　　　　　　　图 6-24

（6）新建"楼群"图层，绘制远景楼群的剪影色块，然后将其转换为元件"远楼"，在"属性"面板中，将"Alpha"参数值设置为"70%"，使楼群的剪影色块和夜空的渐变效果更好地融合在一起，如图 6-25 所示。

（7）多次复制、粘贴楼群的剪影色块，分别调整大小和位置，使其布满于地面之上，如图 6-26 所示。

图 6-25　　　　　　　　　　　　　　　　图 6-26

（8）绘制两种稍微复杂的楼房图案作为中景，仅使用两种不同的深蓝色，给窗户和墙体进行填充，并将窗户、墙体分别构成群组，如图 6-27 所示。

（9）回到舞台，多次复制、粘贴中景的两种楼房，分别调整大小和位置，放在远景楼群的前面，如图 6-28 所示。

（10）绘制近景的楼房。先绘制一幢楼房的剪影效果，再绘制一扇窗户，大量复制、粘贴窗户图案，布满整个楼体，再把其中一些窗户填充为黄色，模拟亮灯的效果。使用椭圆工具，绘制由内向外逐渐透明的渐变圆形，构成群组，分别放在亮灯的窗户上，模拟灯光的光晕效果，如图 6-29 所示。

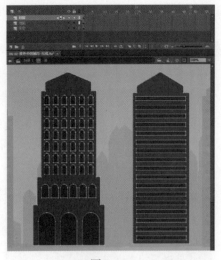

图 6-27   图 6-28

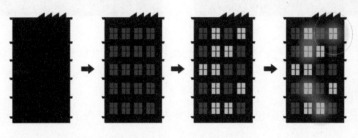

图 6-29

（11）将近景的楼房及其内部窗户构成群组，并多次复制、粘贴，分别调整大小和位置，放在中景的楼房之前，如图 6-30 所示。

（12）新建"亮光"图层。用椭圆工具绘制一个由内向外逐渐透明的蓝色圆形，并将其转换为"影片剪辑"元件"亮光"，如图 6-31 所示。

图 6-30   图 6-31

（13）回到舞台，将"亮光"元件移至近景楼房的表面，适当放大，在"属性"面板的"显示"下拉菜单中选择"滤色"混合模式，使亮光效果更明快；将"Alpha"参数值设置为"80%"；最后，多次复制、粘贴"亮光"元件，分别移至其他近景楼房的表面，如图 6-32 所示。

（14）新建"月亮"图层，在该图层绘制一个月亮图案，并填充为白色，如图 6-33 所示。

图 6-32　　　　　　　　　　　　　　　　　　　　图 6-33

（15）在月亮图案的下方添加"亮光"元件，使月亮看起来更加明亮。至此，完成了本例的绘制步骤，最终效果如图 6-34 所示。

图 6-34

本例的源文件可参考配套资源中的"06-02- 夜色中的城市 - 完成 .fla"。

6.4　场景设置中的透视关系

"透视"是场景绘制过程中非常重要的概念。本节将围绕"透视"的相关概念及一些原理进行介绍。

 ### 6.4.1　"透视"概述

"透视"一词原于拉丁文 Perspclre（看透）。研究"透视"有一种简单的方法，通过一块透明的平版去看景物，将所见的景物准确地描绘在这块平版上，即该景物的透视图。后来，逐渐形成了透视学，即根据一定原理，在平面画幅上用线条表示物体的空间位置、轮廓和投影的科学。

简单来说，"透视"就是指画面的空间感。有了空间感，画面才会表现出真实的立体效果以及光影变化效果，从而更好地体现画面中的远近关系，使画面的表现更有说服力。

"透视"除用于场景设置外，还可以用于绘制各种道具。

"透视"一般分为三种，即色彩透视、消逝透视和线透视，本书主要讲述线透视。

先来学习"透视"中最基础的概念——视角。一般来讲，视角分为俯视、平视和仰视，如图 6-35 所示。

在绘制场景时，一定要保证所有物体的视角准确性。但要注意，同一场景中，并非所有物体都是同一视角，如图 6-36 所示，三个碗由下往上依次摆在碗柜上，人的视线与中间的碗平行，那么，在同一张图中看到的碗的视角就有三种，如图 6-37 所示。

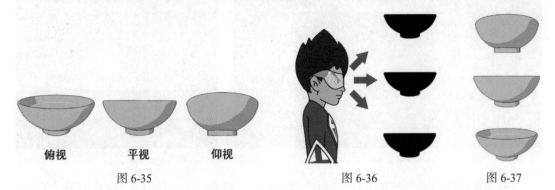

俯视　　　　　平视　　　　　仰视
图 6-35　　　　　　　　　　　图 6-36　　　　　　　　　图 6-37

在绘制场景时，一定要先确定好总视角的位置，这样才能准确地绘制其他物体的视角。

6.4.2 "透视"中的消失点

关于透视，经常会提到"一点透视""两点透视""三点透视"等名词，这些名词究竟指的是什么呢？我们引入以下概念。

1. "近大远小"法则

现实生活中，大小相同的两个物体，较近的物体看起来比较远的物体大，这被称为"近大远小"法则。

2. "一点透视""两点透视"和"三点透视"

我们观察两条平行的铁轨，会发现这两条铁轨相交于远方的一点，如图 6-38 所示；再观察道路两边平行的建筑装饰物，会发现这两排建筑装饰物各自的连线也相交于远方的一点，如图 6-39 所示。在透视图中，平行铁轨和平行建筑物的连线相交于远方的那个点被称为消失点。我们可以进一步阐述，画面中的平行线都消失于无穷远处的同一点，并且该点位于画面的水平线上。

图 6-38　　　　　　　　　　　图 6-39

以上这类只有一个消失点的透视被称为"一点透视"。使用"一点透视"绘制建筑物时，会增强建筑物的立体感。如图 6-40 所示，左侧子图采用平面绘制，无法体现建筑物的立体感，右侧子图使用了"一点透视"绘制建筑物的侧面，使建筑物的立体感有所增强。

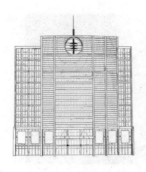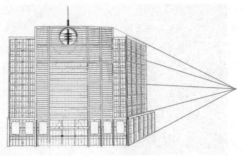

图 6-40

"两点透视"有两个消失点，画面的立体感更强，给人以较强的稳定性，在构图上，增加了体现远近的平面，使背景更广阔，如图 6-41 所示。

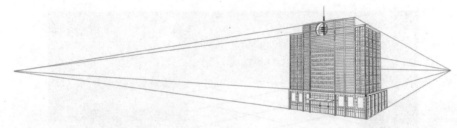

图 6-41

"三点透视"通过三个消失点构建空间，在"三点透视"中，所有的线都有自己的消失点，也可以说：画面中的每个物体都是由三个消失点延伸的放射线构成的。采用"三点透视"绘制的场景，其真实感极强，在大俯视或大仰视的视角中尤为突出，如图 6-42 所示。

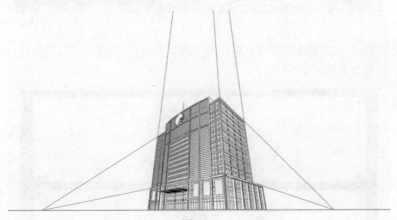

图 6-42

一般情况下，建议读者先掌握以上三种透视方法，以便绘制场景时，提高场景的真实感。

6.5　示范实例——绘制游戏单体建筑：棋社

视频
教程

有的读者可能接触过 SNS 游戏，SNS 游戏中的场景看似根据"两点透视"方法绘制的，但实际情况却并非如此，场景中所有的线都是平行的，没有任何的透视关系，如图 6-43 所示。

这是因为 SNS 游戏的交互性极强，很多道具会被玩家频繁移动和摆放，若道具的位置发生改变，透视关系也会发生改变，而目前的 Animate 技术无法实现，因此，只能采用当前的"平行透视"方法进行绘制。

图 6-43

综上，在 Animate 中绘制 SNS 游戏场景之前，应当先在时间轴的底层绘制两组平行线，并将其锁定。这两组平行线相互斜交，可在后期制作时作为参考线，如图 6-44 所示。

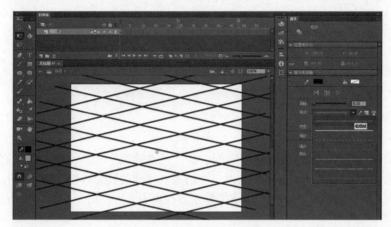

图 6-44

本例[1]绘制的 SNS 游戏场景以日本棋社为主题，内容包括一座一层棋社、一座两层棋社和一位游戏角色，效果如图 6-45 所示。

图 6-45

下面主要介绍两层棋社的绘制方法。

 6.5.1　绘制棋社的上层建筑

（1）先绘制屋顶的正脊，绘制一个矩形，使用任意变形工具将其旋转，使它的长边与底

---

[1] 本例由原郑州轻工业学院动画系 05 级同学何玲设计并绘制。

层的参考线平行，再使用选择工具对其四条边适当调整，如图 6-46 所示。

图 6-46

（2）绘制一个椭圆形，并逆时针旋转一定角度，放在变形后矩形的两端，根据"近大远小"原则，右侧的椭圆形应该小一些，如图 6-47 所示。

图 6-47

（3）使用线条工具绘制屋顶的垂脊，再使用选择工具适当调整，并填充颜色。填色后，将所有的轮廓线删除，通常情况下，SNS 游戏中是不允许出现轮廓线的，如图 6-48 所示。

图 6-48

（4）使用线条工具绘制房檐，填充颜色后删除轮廓线，如图 6-49 所示。

（5）绘制山墙和纵墙部分，需要注意，山墙的下边线和纵墙的下边线要分别与两组参考线平行，填充颜色后删除轮廓线，如图 6-50 所示。

图 6-49　　　　　　　　　　　　　　　　　图 6-50

（6）将三条垂直的房屋立柱线向中间适当收紧，给人以房屋上大下小的感觉，从而优化造型。绘制房屋的立柱，填充颜色后删除轮廓线，如图 6-51 所示。

图 6-51

（7）绘制房屋外围踢脚线色块并填充，将房屋的主体墙壁填充为白色，并为主体墙壁增加细节。然后，绘制屋门，并将多余的色块删除，如图 6-52 所示。

（8）绘制山墙顶部垂脊下方的木质结构，并添加相应细节。注意，木质结构的下边线要与参考线平行。最后，为屋门添加门帘，如图 6-53 所示。

图 6-52

图 6-53

（9）为房屋外围踢脚线色块增加细节，形成彩色的色带，用同样的方式为屋顶添加细节，如图 6-54 所示。

（10）使用选择工具，将屋檐部分调整为波浪形，再将屋檐最下边的一排瓦片填充为浅绿色，从而使细节更丰富，如图 6-55 所示。

图 6-54

图 6-55

（11）为屋脊、立柱等添加"暗部"色块，增强立体感；然后，为屋脊、木质结构添加阴影效果，增强建筑物的光感和结构感，如图 6-56 所示。

图 6-56

（12）为房屋外围踢脚线色块添加木质结构，为山墙添加木质窗户，并绘制背光和阴影效果，如图 6-57 所示。

（13）为屋脊和门帘添加装饰性图案，用于增加细节，如图 6-58 所示。

图 6-57

图 6-58

（14）绘制灯笼，绘制完成后删除灯笼的轮廓线，并将其构成群组，挂在立柱的顶部，如图 6-59 所示。

（15）绘制屋脊上的装饰物，绘制完成后删除装饰物的轮廓线，并将其构成群组，放在正脊的两端，如图 6-60 所示。

图 6-59

图 6-60

6.5.2 绘制棋社的下层建筑

（1）绘制棋社的下层建筑之前，先要绘制棋社上层建筑的底座，底座由三部分组成，要注意各部分的明暗关系变化，绘制完成后将其构成群组，并放在棋社上层建筑的下方，如图 6-61 所示。

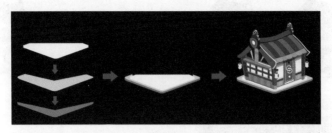

图 6-61

（2）使用线条工具绘制棋社下层建筑的垂脊，再使用选择工具调整垂脊的形状，填充颜色后删除轮廓线，如图 6-62 所示。

（3）绘制棋社下层建筑的屋檐，并使用选择工具将屋檐调整为如图 6-63 所示的效果。

图 6-62　　　　　　　　　　　　　　　　　图 6-63

（4）绘制棋社下层建筑的山墙和纵墙，同样，将三条垂直的房屋立柱线向中间适当收紧，最后绘制立柱，填充颜色后删除轮廓线，如图 6-64 所示。

（5）绘制棋社下层建筑的踢脚线色块以及屋檐的投影，最后，在山墙和纵墙上绘制木质门框，做成日式推拉门的效果，如图 6-65 所示。

图 6-64　　　　　　　　　　　　　　　　　图 6-65

（6）根据屋檐的形状，绘制红色瓦片，这部分的绘制难度比较大，所以单独绘制瓦片部分。我们进一步分析，如果瓦片都是单一的红色，效果会显得单调，因此需要使用浅、中、深三种红色交错绘制，除此之外，还要绘制瓦片的立体和阴影效果，绘制完成后删除轮廓线并将其构成群组，放在房檐上，效果如图 6-66 所示。

（7）绘制正面推拉门的把手，以及山墙上的装饰图案，将其放在合适的位置，并将整个棋社下层建筑构成群组，如图 6-67 所示。

（8）绘制棋社下层建筑的底座，注意相互之间的结构关系，如图 6-68 所示。

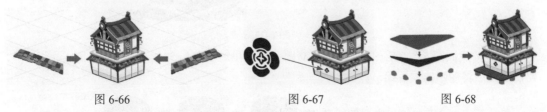

图 6-66　　　　　　　　　　图 6-67　　　　　　　　　　图 6-68

（9）绘制底座及立柱的投影效果，要注意明暗关系，如图 6-69 所示。

（10）沿着底层的平行线，绘制一些颜色比底座浅的线段，放在底座之上，使底座看起来有木质条纹的效果；然后，将整个底座构成群组，放在下层建筑之下，如图 6-70 所示。

图 6-69　　　　　　　　　　　　　　　　　　　　图 6-70

6.5.3　绘制棋社的细节部分

　　细节对于一件作品来说是至关重要的，尤其对于游戏美术作品而言，"细节决定成败"绝不是一句空话。

　　在 6.5.1 节和 6.5.2 节中，我们已经对棋社添加了很多细节，包括结构、装饰等。可能有读者会质疑，这样大量绘制细节的做法是否有用，甚至会认为"这些细节画上去根本看不出来，画了也是白画"。

　　其实，虽然有很多细节在整个画面中看似被淹没了，但是，正因为这些"微不足道"的细节"聚沙成塔"，整个作品就会由"量变"发展为"质变"，这就是细节的作用。

　　接下来，对棋社增加更多细节，使它更为精细。我们来分析一下，目前还需要为棋社添加哪些元素？

　　因为本例的建筑物是棋社，"棋"的元素还比较少，所以需要添加"棋"的元素。

　　（1）绘制黑、白两颗围棋棋子，白色棋子添加阴影，黑色棋子添加高光部分，用于增强棋子的立体感，绘制完成后，将两颗棋子分别构成群组，如图 6-71 所示。

　　（2）将这两颗棋子交叉排列，并酌情复制，分别放在正脊和屋檐上，用于增加整个建筑的"棋"元素，如图 6-72 所示。

图 6-71　　　　　　　　　　　　　　图 6-72

　　（3）在瓦片上绘制多条平行线，用于模拟围棋棋盘上的线条，如图 6-73 所示。

图 6-73

　　（4）按照如图 6-74 所示的过程绘制蒲团，要突出"亮部"和"暗部"，并添加阴影效果，绘制完成后将蒲团构成群组。

图 6-74

（5）按照如图 6-75 所示的过程绘制棋盘，在棋盘上添加三枚棋子，并添加阴影效果，绘制完成后将棋盘及棋子构成群组。

图 6-75

（6）将蒲团和棋盘放在棋社下层建筑的底座上，复制一个蒲团，使得棋盘被夹在两个蒲团之间，烘托出户外对弈的环境，如图 6-76 所示。绘制好的两层棋社如图 6-77 所示。

图 6-76   图 6-77

本例的源文件可参考配套资源中的 "06-03- 棋社 .fla"。

视频
教程

6.6 综合示范实例——绘制游戏室内场景：饭馆

SNS 游戏的室内场景多以经营类为主，大多涉及经营饭店、超市、美容店等。室内场景的构成元素非常丰富，场景道具比建筑物要多。

本例[①]的游戏室内场景是以中国古代饭馆为主题进行设计的，下面我们开始详细介绍。

6.6.1 绘制室内结构

（1）首先，绘制饭馆的第一层地板，使用线条工具绘制菱形，要表现出地板的立体感，再用颜料桶工具进行填充，如图 6-78 所示。

（2）让地板延伸出一小块，作为门前的小台阶，如图 6-79 所示。

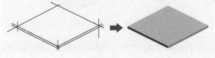
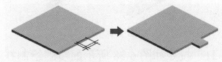

图 6-78   图 6-79

（3）绘制多条平行的线段，并置于地板上，使地板效果更加逼真，需要注意，相邻的两条平行线段是两种不同的颜色，建议使用深色和浅色相互交错，这样，有利于增强立体感，如图 6-80 所示。

（4）绘制饭馆的第二层地板，并添加黄色的装饰带，如图 6-81 所示。

图 6-80   图 6-81

（5）绘制饭馆下层的墙壁、第三层地板和第三层的墙壁，形成立体的空间结构，填充颜

① 本例由原郑州轻工业学院动画系 10 级同学秦文汐设计并绘制。

色时，要注意不同区域的"亮部"和"暗部"，通过颜色区分层次关系，如图 6-82 所示。

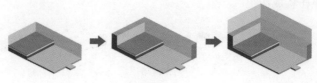

图 6-82

（6）绘制饭馆第一层地板到第二层地板的楼梯，注意"亮部""暗部"及层次关系，绘制完成后将其构成群组，然后复制楼梯，分别放在合适的位置，如图 6-83 所示。

（7）绘制饭馆第二层地板到第三层地板的楼梯，注意透视角度和色彩关系，绘制完成后将其构成群组，放在二楼的拐角处，如图 6-84 所示。

（8）选择线条工具，并交错使用深色和浅色绘制平行的竖向线段，作为木质地板的纹理，放在第二层地板的深色截面部分，如图 6-85 所示。

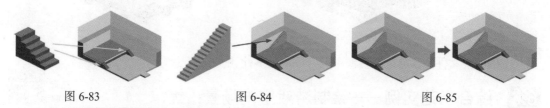

图 6-83   图 6-84   图 6-85

（9）绘制饭馆一层的厨房门，注意各部分的色彩关系，如图 6-86 所示。

（10）为厨房门加挂布帘用于遮挡。绘制布帘时，要给布帘下方故意做两个缺口，通过加入这种细节，使场景富有生活气息；做好缺口后，继续绘制布帘的"暗部"；使用手绘板，在布帘上写一个"食"字，并用圆弧线将"食"字圈起来，作为厨房的标记，绘制完成后将整个门及装饰物构成群组，如图 6-87 所示。

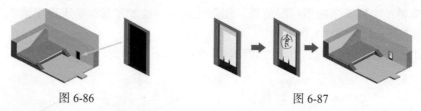

图 6-86   图 6-87

（11）按照如图 6-88 所示的步骤绘制扶手的结构部件及"暗部"，举一反三，绘制不同角度的扶手。

图 6-88

（12）将不同角度的扶手分别放在相应的位置，并将其分别构成群组，处理好与其他物体的排列关系，如图 6-89 所示。

（13）按照如图 6-90 所示的步骤，绘制饭馆三层的雅间房门、门楣上的装饰以及门帘，绘制倾斜的房门时，可以按照倾斜的视角直接绘制，绘制完成后将其构成群组。

（14）按照如图 6-91 所示的步骤，绘制第二种雅间房门，这里推荐另一种方法，先按照平视的角度进行绘制，绘制完成后将其构成群组，再使用任意变形工具，将房门调整为倾斜状态。

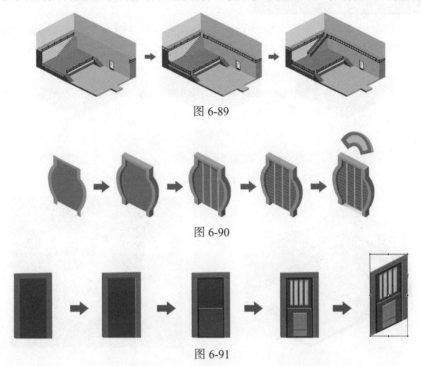

图 6-89

图 6-90

图 6-91

（15）将两种雅间房门放在饭馆三层的两侧墙体上，如图 6-92 所示。

（16）绘制饭馆三层的踢脚线区域，先绘制一块左斜的踢脚线墙体，然后将其构成群组，复制后再执行菜单命令"修改"→"变形"→"水平翻转"，可以得到一块右斜的踢脚线墙体，以这两种墙体为基础大量复制，将它们放在饭馆三层的相应位置，如图 6-93 所示。

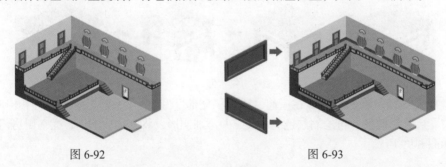

图 6-92　　　　　　　　　　　　　　图 6-93

（17）为饭馆二层和三层的墙体添加红色装饰带，为整个场景增添喜庆气氛，如图 6-94 所示。

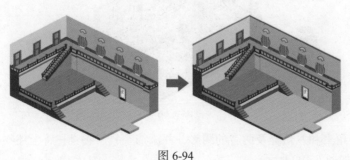

图 6-94

6.6.2 绘制道具、装饰品

（1）绘制柜台以及木质条纹，注意台面的"亮部"和"暗部"，并在柜台上放置一块抹布，这样的细节能增加场景的生活气息，绘制完成后将整个柜台构成群组，如图 6-95 所示。

图 6-95

（2）将柜台摆放在厨房门的外面，如图 6-96 所示。

（3）绘制茶具、筷子等物品，并将所有物品构成群组，如图 6-97 所示。

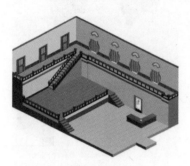

图 6-96   图 6-97

（4）绘制桌子、凳子，并添加相应的木质条纹，为桌子、凳子添加阴影效果，并将绘制好的茶具、筷子等物品放到桌子上，如图 6-98 所示；将上述物品构成群组并复制，在场景中有序摆列。

图 6-98

（5）绘制酒坛，将四坛酒摞在一起，添加"亮部""暗部"及阴影效果，将其构成群组，在柜台前、后分别摆设；再绘制红色的木桌，并添加阴影，将其构成群组，摆在厨房门旁和柜台前，如图 6-99 所示。

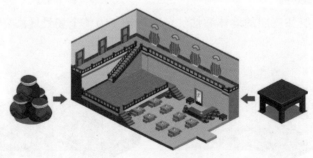

图 6-99

（6）绘制八角桌和八角凳及两者的阴影，并添加茶具、餐具，将上述物品构成群组，放在饭馆的二层，如图 6-100 所示。

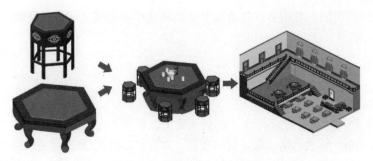

图 6-100

（7）绘制其他样式的桌椅，并和茶具构成群组，放在场景的合适位置，如图 6-101 所示。

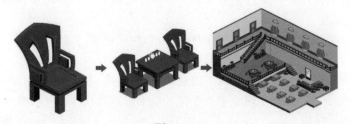

图 6-101

（8）绘制绿色植物、盆景和装饰灯具，并添加阴影，分别构成群组，如图 6-102 所示。

（9）将步骤（8）绘制的装饰物摆放在场景中，效果如图 6-103 所示。

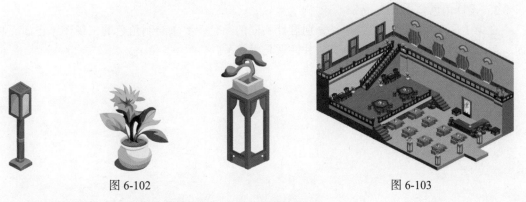

图 6-102   图 6-103

本例的源文件可参考配套资源中的 "06-04- 饭馆 .fla"。

本 章 小 结

本章主要介绍了使用 Animate 制作动画、游戏场景的方法，从整体的制作流程来看，建议读者尽量使用"群组"，不要完全依赖元件，以便绘制过程中可以有序管理。

本章涉及的技术要求并不高，但对于绘制人员来讲，绘制效果的优劣是评判一件作品的重要标准之一。因此，对读者提出两点希望及要求。

（1）绘制作品时，尽量添加更多细节。

（2）尽量不出现大色块，如果存在较大的色块，务必在大色块中加入其他元素。

对于一位设计师而言，必须会画元素多的物品，也会画元素少的物品，设计师应该学会构思并创作细节，这是一个必须经历的过程。因此，通过学习本章内容，希望读者能真正感悟"细节"对于作品的重要作用，比起绘制技术而言，培养这种能力才是更重大的收获。

此外，本章的实例、习题多出自动漫专业的毕业生及游戏公司的职员的作品，方便读者接触真实的项目案例。

练 习 题

1. 设计室内场景。

选择以下任意一种风格进行设计：简约风格（以单色调为主）、休闲风格（有休闲区域如咖啡厅）、典雅风格、锦堂风格（有华丽的布艺、富贵的牡丹）、富丽堂皇风格（有金碧辉煌的装饰）、巴洛克建筑风格、洛可可建筑风格、新古典主义风格（以高雅、和谐为主）、欧式风格（有人物雕塑、小型喷泉）、中式风格（以中国古典元素为主）、美式风格、日式风格、韩式风格、泰式风格（有大象、椰子树）、法式风格（以浪漫情调为主）。

2. 设计建筑场景。

城市建筑类游戏需要不同的场景，请按照"待建""建筑完成""拆除"三种情形，分别绘制下列建筑和设施在三种情形下的不同状态。

建筑和设施：公交站台、公交站牌、公交候车厅、地铁站、停车场、烧烤摊、服装小摊、冰激凌小摊、饰品小摊、热狗小摊、杂货小摊、桌上游戏竞技厅、电玩游戏厅、漫画屋、报刊亭、连锁书店、音像店、图书大厦、精品服饰店、便利店、连锁超市、汉堡快餐店、拉面饭馆、寿司馆、比萨店、酒吧、中国菜馆、意式菜馆、平房区、低层小区、中层小区、高层小区、花园小区、附属学校、购物中心、健身中心、电影院、大剧院、夏威夷海滩主题酒店、罗马假日主题酒店、法国风情主题酒店、停机坪。

3. 设计角色。

在第1题和第2题的场景中，分别设计不同的角色，要求绘制角色的三视图（正面、侧面、背面）。绘制时，尽量添加细节，并注意光影关系。

第 *7* 章

手绘板在 Animate 中的应用实例

近年来，数字绘画逐渐兴起，而这一切都源于一块小小的"板子"。

1984 年，刚刚成立仅一年的 Wacom 公司在市场上推出了一款神奇的"小板子"，用户可以在它上面绘制图形，并可以在计算机上实时显示，这一技术早期用于计算机辅助设计（CAD），并且取得了很大的成功。

1988 年，这块神奇的"小板子"开始进入欧美市场，两年后，迪士尼公司就开始使用这块"小板子"创作了著名的动画电影《美女与野兽》。

随后，这块"小板子"以神奇的速度迅速进入动画、绘画、漫画等多个领域，"小板子"就是本章要重点讲述的内容——手绘板。

7.1 关于手绘板

手绘板，又被称为数位板、绘画板、手写板等，是计算机输入设备的一种。

 ### 7.1.1 手绘板概述

手绘板通常由一块板子和一只绘图笔组成，配合计算机中相关的绘图软件（如 Adobe Photoshop、Corel Painter、Autodesk SketchBook Pro、Easy Paint Tool SAI）进行绘制。

使用手绘板的简要流程如下：安装手绘板的驱动程序；打开相关的绘图软件并新建文件，选择相应的工具（笔刷）；使用绘图笔在手绘板上进行绘制，则会在计算机的绘图软件中实时显示所绘制的图形，如图 7-1 所示。

2001 年，Wacom 公司推出了一款全新的手绘板，但是在当时，人们并没有将这件产品定义为手绘板，而称其为"LCD 数位屏"（俗称手绘屏），即"新帝"（Cintiq），它将手绘板和显示器合二为一，使用户可以直接在显示屏上进行绘制，但由于该产品价格昂贵，目前只在高端用户群中有较高的使用率，如图 7-2 所示。

图 7-1　　　　　　　　　　　　　　　　　　图 7-2

相比于传统的绘画方式，手绘板的优势很明显，其中，最重要的一点就是可以实时纠正绘画过程中出现的错误。例如，在传统绘画方式中，如果有一块颜色绘制错了，那就需要用其他颜色去遮挡；而使用手绘板时遇到同样的问题，只需按 Ctrl+Z 组合键，撤销上一步错误的操作即可。另外，由于不使用颜料、水等作画工具，所以既经济实惠，又注重环保。

随着技术的进步，使用手绘板进行数字绘画的人越来越多，关于数字绘画能否代替传统绘画的争论也已开始。但从目前的发展水平来看，数字绘画由于自身的局限性，依然无法完美地表现出传统绘画的效果，例如，水墨在宣纸上的晕染效果、油画中笔触的厚重感、水彩画中因水分含量不同而在纸上呈现出的各种效果以及颜色之间的过渡等，都是传统绘画的优势。因此，数字绘画和传统绘画在未来较长的一段时间内，都会相互促进，并行发展，它们各有千秋。

此外，手绘板也在三维动画、影视特效等多个领域发挥着作用，大家熟知的《泰坦尼克号》《星球大战》《阿凡达》等多部电影，它们的特效都用到了手绘板。

7.1.2　手绘板的参数

读者使用手绘板前，或许会对设备的各种参数产生困惑，手绘板的参数究竟代表什么？

下面对手绘板的参数进行介绍，首先引出最重要的两个参数——尺寸大小和压力感应。

（1）尺寸大小。这个参数比较容易理解，简单来讲，手绘板越大，工作起来就越得心应手。

（2）压力感应。压力感应是以级数为基本单位的，例如，压力感应为1024级，表示从起笔压力7克力到500克力之间，在细微的电磁变化中区分1024个级数，从使用者微妙的力度变化中表现出粗细浓淡的笔触效果。手绘板读取速率的提升能有效避免断线和折线，但该性能同时也受计算机运行速度的制约，如果计算机的配置太低，也会影响手绘板的读取速率。

除此之外，手绘板还有以下一些参数。

（3）活动区域。活动区域指的是手绘板的绘图区域（工作区域），绘图笔在该区域内才能正常使用。活动区域与物理尺寸是不同的概念。

（4）纵横比。纵横比指的是手绘板或显示屏幕的垂直方向尺寸和水平方向尺寸的比例。手绘板的尺寸比例一般与显示屏相对应，主流比例为4:3，对应的宽屏比例为16:9或16:10。

（5）单击力度。单击力度指的是为了激发单击动作而必须施加到笔尖的力量大小。

（6）双击间距。双击间距指的是连续两次单击动作作为一次双击动作时，光标在两次单击动作期间可以移动的最大间距（以屏幕像素作为单位）。增大双击间距可以使双击动作更容易实现，但是在某些图形应用程序中，较大的双击间距可能会使笔刷操作产生迟滞。

（7）双击速度。双击速度指的是连续两次单击动作作为一次双击动作时，两次单击动作间隔的最长时间。

（8）可识别橡皮擦的应用程序。该程序内置有支持橡皮擦的应用程序，这些应用程序以不同的方式使用橡皮擦，具体方式取决于各应用程序的实际需求。

（9）指动轮。指动轮指的是绘图笔上的控制滚轮。

（10）横向放置。横向放置是手绘板常用的方向设置，在横向放置状态下，手绘板的状态指示灯位于手绘板的顶部，直角手绘板将处于水平位置。

（11）映射。映射指的是绘图笔与显示器屏幕上光标位置之间的关系。

（12）手绘板上的快捷键。在Windows系统中，快捷键包括Shift、Alt和Ctrl；在iOS系统中，快捷键包括Shift、Control、Command和Option。

（13）鼠标加速度。当绘图笔在鼠标模式下，用于设置显示器屏幕上的光标加速度。

（14）笔芯。手绘板配套的绘图笔笔芯是可以随意更换的，并且笔芯的种类非常丰富。需要注意，若长期使用一根笔芯，则会发生磨损，漏出尖端，从而刮坏手绘板的工作区。

7.1.3　手绘板的绘图效果

由于手绘板可以模拟传统的手绘创作，使用电子设备替代了纸和笔，并且效果较为逼真，所以，很多数字艺术设计师使用手绘板在计算机中进行全流程的创作，包括绘制草稿、线稿，上色等各环节，如图 7-3 所示为设计角色时的草图方案[①]。

图 7-3

　　因为手绘板存在压力感应（下文简称压感），所以设计师手中所施加的不同力度可以绘制出不同的效果；此外，一些软件里可以设置不同的笔刷，因此，利用这些技巧，可以模拟非常逼真的手绘效果，如图 7-4 和图 7-5[②]所示为使用手绘板绘制的角色。

图 7-4　　　　　　　　　　　　　　　　图 7-5

　　无论是角色还是场景，手绘板都可以胜任，如图 7-6[③]所示为使用手绘板绘制的场景。

图 7-6

① 图 7-3 由原郑州轻工业学院动画系 06 级同学肖遥创作完成。
② 图 7-4 和图 7-5 由原郑州轻工业学院动画系 03 级同学宋帅绘制完成。
③ 图 7-6 由中国传媒大学南广学院 07 级同学王延宁绘制完成。

正因为绘图板的强大功能，所以近年来，它成为创作动画、插画、漫画、影视特效、三维特效等艺术作品必不可少的工具。

7.2 Animate 中关于手绘板的设置

在 Animate 中，适用于手绘板的常用工具只有铅笔工具和画笔工具，本节将分别介绍这两种工具配合手绘板的使用方法。

7.2.1 铅笔工具配合手绘板的使用方法

使用手绘板前，一定要安装相关的驱动程序，以便激活软件中涉及手绘板的功能，如图 7-7 所示为手绘板的驱动程序安装前后，铅笔工具相关参数的对比情况。

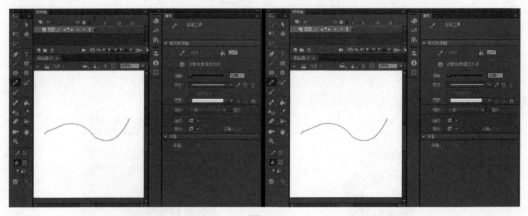

图 7-7

可以看出，安装手绘板的驱动程序后，对铅笔工具的参数并无影响，因为铅笔工具是绘制各种"线"的，手绘板的压力、斜度等无法对"线"产生作用。虽然参数没有改变，但是安装手绘板驱动程序后，就可以使用铅笔工具自由绘制了。例如，绘制极其复杂的场景时，如果需要勾线，按照前几章介绍的使用直线工具配合选择工具的方法，工作量极大；而使用铅笔工具配合手绘板，将会极大地提升工作效率，如图 7-8 所示的场景线稿就是使用该方法绘制的。

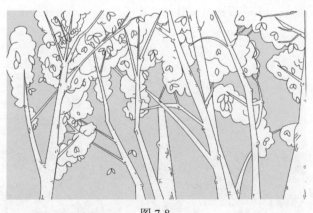

图 7-8

7.2.2 画笔工具配合手绘板的使用方法

在 Animate 中，画笔工具能够将手绘板的作用发挥得淋漓尽致，如图 7-9 所示为手绘板的驱动程序安装前后，画笔工具相关参数的对比情况。

图 7-9

我们可以看到，工具栏下方多出来两个按钮，分别是"使用压力"和"使用斜度"按钮，但需要注意，如果使用低端的手绘板，则不能辨别绘图笔的斜度，那么工具栏中不会出现"使用斜度"按钮。

注意： 使用画笔工具所绘制的是色块，而不是线条。

单击"使用压力"按钮，令其处于使用状态，然后再用不同的力度在手绘板上绘制，画笔工具就能绘制出不同粗细的色块，力度越大则色块越粗，力度越小则色块越细。

单击"使用斜度"按钮，令其处于使用状态，用绘图笔以不同的斜度在手绘板上绘制，也能绘制出不同粗细的色块，如图 7-10 所示，从左到右的三幅图展示了三种状态的绘制效果，这三种状态分别是"使用压力"和"使用斜度"按钮均未打开、只打开"使用压力"按钮、"使用压力"和"使用斜度"按钮均打开。

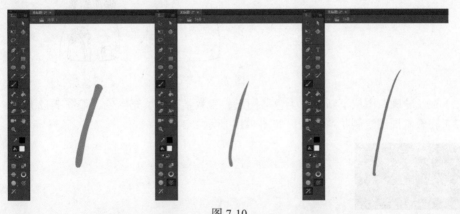

图 7-10

选择画笔工具，修改"属性"面板下方的"平滑"参数，该值越高，绘制的色块就越平滑，如图 7-11 所示，从左到右的三幅图分别为"平滑"参数是"0""50""100"时的效果。

图 7-11

此外，常规的绘图笔都可以倒过来使用，用作橡皮工具。

7.3 示范实例——绘制大场景的草图

由于 Animate 本身的局限性，如笔刷单一、图层模式较少、针对手绘板的设置项不多等，所以很难实现非常细腻的绘画效果，但是，配合使用手绘板，可以实现一些独特的创作效果。

在设置一部动画片的角色和场景时，设计师都要从创作草图开始，在这一阶段，不需要设计师刻意地精细绘制，对用笔也不非常讲究，只要求快速地绘制出大体效果、填充主要色块，并构思几套不同的方案，在这些方案中挑选一套最满意的，进入下一阶段，开始精细绘制。

一般情况下，设计师多在 Photoshop、Painter 等软件中绘制草图，但如果制作 Animate 动画，为了方便起见，也可以在 Animate 中直接绘制草图。

本节将通过实例①介绍如何在 Animate 中绘制大场景的草图，草图的内容为依山傍海的城堡场景，绘制过程如下。

（1）在时间轴里新建"轮廓"图层，使用画笔工具，画笔颜色设置为黑色，选择默认的画笔形状，绘制教堂的轮廓，如图 7-12 所示。

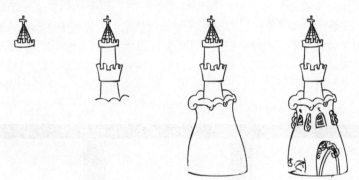

图 7-12

（2）在"轮廓"图层下新建"上色"图层，为教堂墙体填充颜色，如图 7-13 所示。

（3）在教堂周围绘制花草树木，如图 7-14 所示。

图 7-13   图 7-14

---

① 本例由原郑州轻工业学院动画系 07 级同学施雅静绘制完成。

（4）绘制教堂后面的悬崖及城堡，如图 7-15 所示。

（5）绘制天空、海洋、云和太阳，如图 7-16 所示。

图 7-15　　　　　　　　　　　　　　　　　　图 7-16

（6）将整个场景转换为元件，并打开"属性"面板的"色彩效果"下拉菜单，在"样式"下拉菜单中选择"色调"，对场景的整体色调进行调整，如图 7-17 所示。

图 7-17

本例的源文件可参考配套资源中的"07-1- 大场景草图 .fla"。

7.4　示范实例——绘制漫画《这小俩口》①

现如今，有很多绘画创作者，以漫画的形式记录自己生活的点点滴滴，并发布到网络中，很多作品还红极一时，不仅赚足了人气，还出版成书，热销海内外。其中，具有代表性的作品有日本绘本师高木直子创作的《一个人上东京》《150cm Life》等。

很多人习惯用 Photoshop、Comic Studio、SAI 等软件进行绘制，但实际上，使用 Animate 绘制的作品是矢量的，无论用于出版成书还是网络传播，都可以导出不同的文件格式以及各种精度的图片，使用起来也更加方便。

在 Animate 中绘制漫画，可以先用铅笔工具绘制草图，如图 7-18 所示。打好草稿后，就

---

① 鉴于漫画《这小俩口》已出版，为尊重原作品，此处保留原作品名称，正确写法为《这小两口》。

可以进行正稿的绘制了，具体操作步骤如下。

图 7-18

（1）先使用画笔工具，绘制出简易的场景，如图 7-19 所示。

（2）配合场景，绘制出相应的角色，注意姿势、表情以及辅助线等，建议角色和场景分图层绘制，以便调整两者的位置关系，如图 7-20 所示。

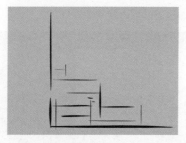

图 7-19

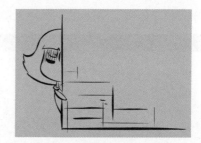

图 7-20

（3）给角色填充颜色，并刻画其"亮部""中间部""暗部"，如图 7-21 所示。

（4）绘制角色的细节部分，如图 7-22 所示。

图 7-21

图 7-22

（5）绘制对话框，并填充颜色，使其和周围的物体能明显区分，如图 7-23 所示。

（6）在对话框中输入对白文字。这里提醒读者，选择字体时要贴近漫画的风格。例如，Q版漫画需要选择字形可爱的字体。当然，如果创作者能通过手绘板手写文字，则效果会更好，因为很多漫画作者习惯创作特别的对白字体，以提升漫画的趣味性，如图 7-24 所示。

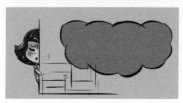

图 7-23

图 7-24

（7）按照上述流程，绘制其余画面，如图 7-25 所示。

（8）当所有画面绘制完成后，一则漫画小故事就跃然纸上，再配上统一的版式，并注明作者的名字和联系方式，作品就创作好了，如图 7-26 所示。

图 7-25　　　　　　　　　　　　　　　　　图 7-26

本例的源文件可参考配套资源中的"07-2- 漫画 1.fla""07-2- 漫画 2.fla""07-2- 漫画 3.fla"。

7.5　综合示范实例——绘制精细的场景

绘制精细的场景，一般首选 Photoshop、Painter 等软件，但这些软件所绘制的毕竟是位图，无法随意放大或缩小，而且，将位图导入 Animate 后，再制作动画效果时，常遇到抖动、画面质量下降等各种问题。

在 Animate 中绘制精细的场景，虽然画面质量无法和 Photoshop、Painter 等软件绘制的效果相提并论，但实际上，Animate 也有自身的优势，本节通过实例[①]来介绍如何在 Animate 中绘制精细的场景，场景的内容为大自然的景色，有花、草地、树林、天空和云朵。

（1）使用画笔工具，画笔颜色设置为黑色，勾勒出草地、树林的轮廓线，如图 7-27 所示。

（2）将远景分为天空、树冠、树干和草地四部分，并单独填充颜色，如图 7-28 所示。

 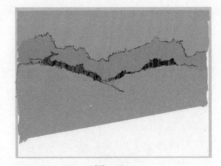

图 7-27　　　　　　　　　　　　　　　　　图 7-28

（3）绘制远景中天空、树冠、树干和草地四部分的细节，如图 7-29 所示。

（4）为草地绘制一些具象的草，点缀整个画面，如图 7-30 所示。

（5）在草地上绘制一些花，使画面看起来更有生机，如图 7-31 所示。

（6）绘制天空中的云朵，需要注意，每朵云的形状都各不相同，如图 7-32 所示。

---

① 本例由原郑州轻工业学院动画系 07 级同学朱伟伟绘制完成。

图 7-29

图 7-30

图 7-31

图 7-32

（7）远景绘制完成后，新建一个元件，用于绘制场景中的近景部分。用画笔工具勾勒出近景草地的轮廓线，如图 7-33 所示，并为近景草地填充绿色的底色，如图 7-34 所示。

图 7-33

图 7-34

（8）在近景草地上绘制一些旺盛的草，并注意添加更多细节，如图 7-35 所示。

（9）在近景草地上绘制一些花，起点缀作用，如图 7-36 所示。

图 7-35

图 7-36

（10）绘制一朵橙红色的花，如图 7-37 所示；再绘制一朵粉色的花，这朵花更大，且要求的细节更多，让这朵花在整个场景中起画龙点睛的作用，如图 7-38 所示。

图 7-37　　　　　　　　　　　　　　　　　　图 7-38

整个场景绘制完成后，效果如图 7-39 所示。

图 7-39

本例的源文件可参考配套资源中的 "07-3- 大自然 .fla"。

本 章 小 结

本章主要介绍了使用手绘板在 Animate 中进行绘制的方法，由于这些操作并不是 Animate 的特色，因此，软件中的相关设置也不多，但这并不影响手绘板在 Animate 中大规模使用。

现如今，动画制作水平不断提高。在 Animate 中，逐帧制作动画的形式开始普及，这就要求动画制作人员能够快速绘制原画，再将原画勾线上色，进而制作动画，所以，手绘板经常用于绘制原画草图。此外，对于动画制作人员而言，熟练使用手绘板有助于提高各制作环节的工作效率，可以说，手绘板是动画制作人员的必备设备之一。

练 习 题

使用手绘板，绘制一张全家福照片，并填充颜色，效果如图 7-40 所示。

图 7-40

本例的源文件可参考配套资源中的 "07-4- 全家福 .fla"。

第 *8* 章

Animate 的基础动画制作实例

在给一些大学新生演示动画效果时，哪怕只是让动画中的角色做一些简单的动作，都会听到学生们的阵阵欢呼和感叹。动画的魅力就在于让画中的人或物动起来，而不动的人或物只能被称为角色设置或场景设置。

从本章开始，我们来学习如何在 Animate 中制作真正意义上的"动画"，在这之前，需要大家记住一位动画大师——格里穆·乃特维克的经典语句："动画的一切皆在于时间点（Timing）和空间幅度（Spacing）。"这句话点出了动画的本质，动画中最重要的两个因素就是"时间"和"空间"。

上述分析仅仅是对动画的本质理解，而谈及动画制作，尤其对动画软件使用者而言，最基础的知识依然是学习软件操作方法，掌握动画制作工序。

8.1 Animate 的时间轴

时间轴是 Animate 动画制作的核心区域，主要用于组织并安排动画，并控制动画在某时间段显示的相应内容。

8.1.1 时间轴

时间轴分为图层和帧控制区两部分，其中的图层在前面的章节中已经详细叙述过，本章主要围绕帧控制区进行讲解。

帧控制区下方是一些相关按钮，用于控制播放，显示效果，查看属性等，如图 8-1 所示。

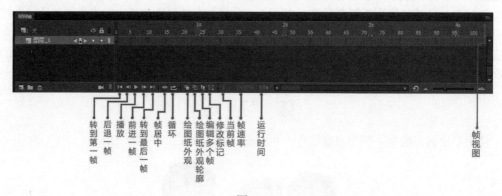

图 8-1

其中，"转到第一帧""后退一帧""播放""前进一帧""转到最后一帧"是控制动画播放的系列按钮。为方便观看动画，也可以按"Enter"键开始播放动画，再次按"Enter"键暂停播放。

单击"帧居中"按钮，可以将当前所选的帧显示在时间轴的中间。

如果要对某时间段内的动画循环播放，可以单击"循环"按钮，在时间轴里选择一个区域，再单击"播放"按钮，就可以对该时间段内的动画循环播放。

　　单击"绘图纸外观"按钮，可以在控制区内显示所有连续帧的内容，而"绘图纸外观轮廓"按钮则用于显示这些帧的轮廓线效果。

　　时间轴里的一系列数字，代表帧的编号。时间轴里的粉红色小方块是播放头，可以拖动它，指示当前在舞台中显示的帧。

　　另外，"帧视图"按钮用于控制时间轴的显示效果，分为"很小""小""一般""中""大"。如果将显示效果设置为"很小"，时间轴的刻度将会变得很紧凑，如图 8-2 所示；软件默认的时间轴显示效果为"一般"，如图 8-3 所示；将显示效果设置为"大"，则时间轴刻度比较宽松，如图 8-4 所示。

图 8-2　　　　　　　　　　　　　图 8-3　　　　　　　　　　　　　图 8-4

　　除此之外，"预览"和"关联预览"显示项，能够在时间轴里显示相应的图像，但是，这样会占用系统资源，一般情况下很少使用。

8.1.2　帧的定义

　　1824 年，法国人皮特·马克·罗杰特（Peter Mark Roget）发现了重要的"视觉暂留"原理（Persistence of Vision），这是动画最原始的理论依据。

　　通俗地讲，人通过眼睛观看一个图像后，该图像不会马上从大脑中消失，而是会稍作停留，这种残留的视觉被称为"后像"，视觉的这一现象则被称为"视觉暂留"。

　　图像在大脑中"暂留"的时间约为 1/24 秒，也就是说，如果制作动画，至少需要每秒切换 24 张图，才能让人感觉动作流畅，在动画术语中，每张图被称为"帧"，也就意味着，每秒要播出 24 帧以上才会让肉眼感觉动画流畅。

　　动画最基本的组成部分就是帧，帧（Frame）是影像动画中最小单位的单幅影像画面，相当于电影胶片上的每格镜头。一帧就是一副静止的画面，连续的帧就形成动画（如电视图像等），如图 8-5 所示。我们通常说的帧数，可以简单理解为在 1 秒内传输图片的帧数；也可以理解为图形处理器每秒刷新的次数，通常用 FPS（Frames Per Second）表示，在 Animate 中被译为"帧速率"或"帧频"。事实上，每帧都是静止的图像，连续快速地显示帧就能形成运动的假象，高的帧速率可以得到更流畅、更逼真的动画，每秒的帧数越多，动作显示得就越流畅。

图 8-5

　　在 Animate 中，帧是动画制作最基本的单位，每部动画都是由多个帧组成的。Animate 的帧既可以是图像，也可以是声音、函数等其他类型的内容，如图 8-6 所示。此外，还有一个重要的单位，即关键帧（Key），它是动画制作的基本要素。

图 8-6

关键帧指角色或物体在运动或变化过程中关键动作所处的那一帧，关键帧与关键帧之间的动画可以由 Animate 软件自动生成，即中间帧或过渡帧。在图 8-7 中，球体运动的起点和终点被设置为关键帧，这两个关键帧之间的过渡帧就可以由 Animate 自动创建出来。

如果希望物体的运动过程变得复杂，则需要多设置一些关键帧，如图 8-8 所示。

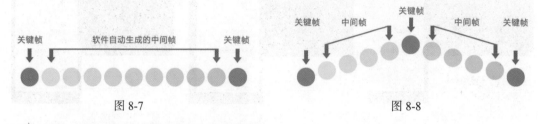

图 8-7   图 8-8

8.1.3　Animate 中不同的帧类型

在 Animate 的时间轴里，有多种类型的帧，它们各有不同的作用及显示效果，这些帧主要包括普通帧、关键帧、空白帧、空白关键帧、动作关键帧、声音帧、标签帧、补间动画帧、形状补间帧、传统补间帧等，部分帧如图 8-9 所示。

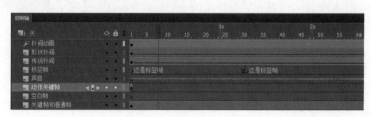

图 8-9

- 普通帧：普通帧是前一个关键帧所含内容的延续，在制作动画时，经常需要一些动画效果能够延续，此时可以添加普通帧。
- 关键帧：关键帧在时间轴里显示为一个实心黑点，一般放在一段动画的开头和结尾。为了方便起见，新建关键帧时可以直接复制上一帧的内容（动作和声音除外）后再修改。
- 空白帧：空白帧是不包含任何内容的帧。
- 空白关键帧：空白关键帧在时间轴里显示为一个黑色轮廓的空心圆圈，它不包含任何内容。新建图层时，第一帧就是空白关键帧，当向该帧添加内容时，就会自动转为关键帧。
- 动作关键帧：动作关键帧是添加了 Action 函数的帧。
- 声音帧：声音帧是包含了音频文件的帧。
- 标签帧：标签帧是添加了标签的关键帧，便于做注释以及设置 Action 函数。
- 传统补间帧：两个关键帧之间，由 Animate 自动生成的运动补间效果的中间帧被称为传统补间帧，它在时间轴里显示为浅紫色。
- 形状补间帧：两个关键帧之间，由 Animate 自动生成的形状补间效果的中间帧被称为形状补间帧，它在时间轴里显示为浅绿色。

- 补间动画帧：补间动画帧是关键帧，它可以生成特殊的动画效果，如 3D 效果、骨骼效果等，它在时间轴里显示为浅蓝色。

8.1.4 Animate 中帧的编辑方法

在 Animate 中，常用的帧的编辑方法有：插入帧、删除帧、移动帧、复制帧、粘贴帧、翻转帧、清除帧等，下面我们详细介绍。

1. 插入帧

（1）插入普通帧。在时间轴里，单击需要插入普通帧的位置，执行菜单命令"插入"→"时间轴"→"帧"，或者按 F5 键，就可以在该位置插入一个普通帧。

（2）插入关键帧。在时间轴里，单击需要插入关键帧的位置，执行菜单命令"插入"→"时间轴"→"关键帧"，或者按 F6 键，就可以在该位置插入一个关键帧。

（3）插入空白关键帧：在时间轴里，单击需要插入空白关键帧的位置，执行菜单命令"插入"→"时间轴"→"空白关键帧"，或者按 F7 键，就可以在该位置插入一个空白关键帧。

2. 选择帧

（1）如果只选择一个帧，直接在时间轴里单击选中此帧，选中后的帧会变成蓝色。

（2）如果选择多个帧，可以单击选中一个帧后，按住 Shift 键不放再单击另一个帧，这样两帧之间的所有帧都会被选中；也可以按住 Ctrl 键不放，单击其他帧，这样可以选择非连续的帧。

（3）如果选择某范围内的帧，可以单击选中一个帧且按住鼠标左键不放，在时间轴里拖曳鼠标，即可快速选择某范围内的所有帧，如图 8-10 所示。

（4）如果选择某图层中的所有帧，可以在图层区单击该图层，这样该图层的所有帧都会被选中；如果选择多个图层中的所有帧，可以按住 Shift 键或 Ctrl 键不放，单击其他图层，如图 8-11 所示。

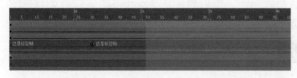

图 8-10   图 8-11

（5）如果选择所有帧，可以执行菜单命令"编辑"→"时间轴"→"选择所有帧"，或者按 Ctrl+Alt+A 组合键。

3. 删除帧

（1）第一种方法，选中要删除的帧，执行菜单命令"编辑"→"时间轴"→"删除帧"，就可以将这些帧删除；或者右击要删除的帧，在弹出的菜单中选择"删除帧"命令，或者按 Shift+F5 组合键，也可以将帧删除。

（2）另一种方法，执行菜单命令"编辑"→"时间轴"→"清除帧"，可以将所选的帧都转换为空白帧，也可以按 Shift+F6 组合键。

需要注意，如果选中帧后按 Delete 键，则只会删除该帧的图像内容等，不能彻底删除帧。

4. 移动帧

在时间轴里选中要移动的帧，然后使用鼠标将这些帧拖到所需的位置即可。

5. 复制帧

（1）在时间轴里选中要复制的帧，执行菜单命令"编辑"→"时间轴"→"复制帧"，或者按 Ctrl+Alt+C 组合键；再进入时间轴，在即将粘贴帧的位置单击，执行菜单命令"编辑"→"时间轴"→"粘贴帧"，或者按 Ctrl+Alt+V 组合键，完成操作。

（2）另一种方法，可以右击帧，在弹出的菜单中选择"复制帧"命令，在即将粘贴帧的位置右击，在弹出的菜单中选择"粘贴帧"命令，完成操作。

如果需要剪切帧，执行菜单命令"编辑"→"时间轴"→"剪切帧"，或者按 Ctrl+Alt+X 组合键。

6. 翻转帧

选择一个动作的所有帧，然后执行菜单命令"修改"→"时间轴"→"翻转帧"，可以将所有帧翻转，使影片的播放顺序完全倒过来。

8.2 示范实例——制作动画：小猫眨眼

视频教程

现如今，互联网技术迅猛发展，大家经常在 QQ、微信等聊天软件上发一些动态的表情图，如图 8-12 所示，这只摆出各种夸张动作的小猫表情曾风靡一时，该作品[1]的主要角色是一只名为"阿了个喵"的小猫，这一系列表情其实是由一张图片经过处理后，再连成会动的 GIF（Graphics Interchange Format）图片。GIF 图片是一种能够制作动态效果的图片格式，是 Compu-Serve 公司于 1987 年开发的。

图 8-12

本节将使用 Photoshop 软件制作每帧的静态效果图，然后再使用 Animate 将这些静态效果图合成动态的 GIF 图片并发布。本例的源文件请参考配套资源中的"08-01-喵喵眨眼动画.jpg"。

8.2.1 在 Photoshop 中处理图片

由于本图片是位图，所以需要在 Photoshop 中进行处理。

（1）打开 Adobe Photoshop 软件，执行菜单命令"文件"→"打开"，或双击 Photoshop 的灰色空白区域，打开"8-1-阿了个喵.jpg"。再执行菜单命令"文件"→"存储为"，或者按 Ctrl+Shift+S 组合键，设置图片的存储格式为 jpg，将该图片另存在一个独立文件夹中，并命名为 001.jpg。

执行菜单命令"滤镜"→"液化"，或者按 Shift+Ctrl+X 组合键，打开"液化"滤镜的设置窗口。使用左上角的向前变形工具，按方括号键 [或] 调整笔刷大小，移动鼠标指针至猫的眼睛，将上眼皮向下拖曳，使猫的眼睛稍稍闭上，单击"确定"按钮，将该图另存为 002.jpg，如图 8-13 所示。

（2）再次执行"液化"命令，将猫的眼睛进一步闭合。但是，仅使用"液化"滤镜无法达到满意的效果，因此需要使用画笔工具，将猫的眼睛全部涂黑，使眼睛完全闭上，将该图另存为 003.jpg，如图 8-14 所示。

（3）在存储 001.jpg 的文件夹中，将 001.jpg 复制一遍，新文件命名为 004.jpg。

打开 001.jpg 文件，使用"液化"滤镜，选择膨胀工具，调整好笔刷大小后，将鼠标指针放在猫眼睛的正中间，按着鼠标左键不放，会看到猫的眼睛开始膨胀，当猫的眼睛达到所需的大小后，松开鼠标左键并单击"确定"按钮，将该图片另存为 005.jpg，如图 8-15 所示。

---

[1] 本作品由网络插画家郑插插制作。

现在，文件夹中就有五张图片了，其中 001.jpg 和 004.jpg 是相同的效果，而其他三张都是在 Photoshop 中处理后得到的不同效果，如图 8-16 所示。

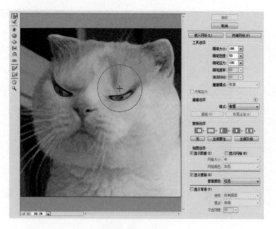

图 8-13

图 8-14

图 8-15

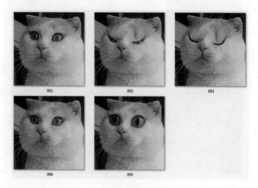

图 8-16

 8.2.2　在 Animate 中制作动态效果

（1）新建一个文件，在"属性"面板中设置舞台大小为 120×120 像素，即与 8.2.1 节制作的图片同样大小，帧频设置为 12fps，然后执行菜单命令"文件"→"导入"→"导入到库"，将 8.2.1 节制作的五张 jpg 图片全部导入 Animate 的库中，如图 8-17 所示。

（2）在时间轴里单击"图层_1"的第一帧，将库中的 001.jpg 拖入舞台。现在，需要将该图片放在舞台的正中央，可以在舞台中选中该图，然后打开"属性"面板的"位置和大小"下拉菜单，将"X"和"Y"的参数值均设置为"0"；或者打开"对齐"面板，先选中"与舞台对齐"复选框，再分别单击"垂直居中分布"和"水平居中分布"按钮。这两种方法都可以使物体与舞台完全对齐，如图 8-18 所示。

（3）右击"图层_1"的第二帧，在弹出的菜单中选择"插入空白关键帧"命令，或者按F7 键，将库中的 002.jpg 拖入舞台，并放在舞台的正中央，如图 8-19 所示。

（4）使用同样的方法，将 003.jpg 放入第三帧，如图 8-20 所示。

（5）单击时间轴右上角的"帧视图"按钮，在弹出的菜单中选择"预览"命令，可以看到每帧的图像都在时间轴里有所显示，这样可以更加直观地进行调整，如图 8-21 所示。

138

（6）右击第一帧，在弹出的菜单中选择"复制帧"命令，再右击第四帧，在弹出的菜单中选择"粘贴帧"命令，即可将第一帧复制到第四帧处，使猫的眼睛重新睁开，如图 8-22 所示。

图 8-17

图 8-18

图 8-19

图 8-20

图 8-21

图 8-22

（7）按 Enter 键预览动画效果，单击时间轴里的"循环"按钮，使之处于打开状态，再单击时间轴里的"播放"按钮，或者按 Enter 键，就可以看到动画循环播放了。如果想停止播放，再次单击"播放"按钮或者再次按 Enter 键即可。此外，还可以按 Ctrl+Enter 组合键，将当前的动画在 Animate Player 中进行测试播放，如图 8-23 所示。

（8）在第五帧里插入空白关键帧，将库中的 005.jpg 图片拖入舞台，其余操作参照步骤（2），完成整体的动画效果。

现在就可以将动画效果输出为 GIF 图片了。执行菜单命令"文件"→"导出"→"导出动画 GIF"，弹出"导出图像"对话框，如果需要改动导出的图片大小，也可以修改"宽"和"高"的像素值，最后单击"保存"按钮，完成 GIF 图片的导出操作，如图 8-24 所示。

图 8-23

图 8-24

本例的源文件可参考配套资源中的"08-01- 喵喵眨眼动画 .fla"。

8.3　示范实例——制作逐帧 GIF 动画：红旗飘飘

视频
教程

在学习动画制作的过程中，掌握动画运动规律是其中重要的一环，只有了解不同物体在各种条件下的运动效果，才能做出真实感较强的动画效果。

本节将介绍使用逐帧动画的制作方式，创作出红旗飘飘的动画效果，如图 8-25 所示。

图 8-25

8.3.1　制作红旗飘飘的动画

（1）首先进行分析，在制作红旗飘飘的动画效果时，旗杆是不动的，只有红旗随风飘动，因此，旗杆可以单独建一个图层，后续不用对其进行修改，剩余任务就是制作红旗飘飘的动画。新建"旗杆"图层并绘制旗杆，帧频设置为 24fps，并在第十二帧处插入帧，如图 8-26 所示。

（2）在时间轴里"旗杆"图层之下新建"旗"图层，绘制红旗刚开始飘扬的图形，并在第二帧处插入帧，这段动画使用"一拍二"的制作手法，如图 8-27 所示。

（3）接下来绘制后续几帧，如果想在绘制的同时能看到上一帧的图形，可以单击时间轴下方的"绘图纸外观轮廓"按钮，则时间轴里会出现两个括号，用于显示某段帧范围内的图形轮廓线，将左侧括号移至上一帧的位置，这样绘制时就能看到上一帧图形的轮廓线，便于参考。

图 8-26   图 8-27

在第三帧绘制红旗飘扬的下一个图形，并在第四帧处插入帧，如图 8-28 所示。

（4）按照同样的方法，绘制后续几帧的红旗图形，如图 8-29 所示。

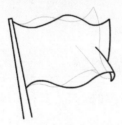 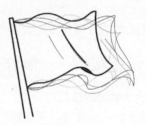

图 8-28   图 8-29

（5）为"旗"图层中的红旗图形填充红色，然后播放动画，就可以看到红旗飘飘的动画了，如图 8-30 所示。

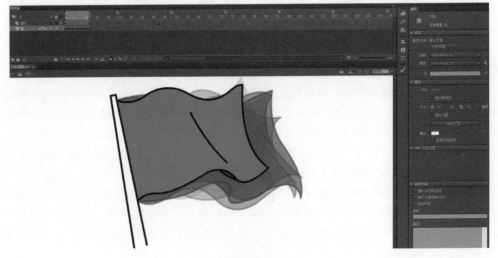

图 8-30

8.3.2　导出 GIF 动画

将红旗飘飘的动画导出为 GIF 格式，执行菜单命令"文件"→"导出"→"导出动画 GIF"，如图 8-31 所示。

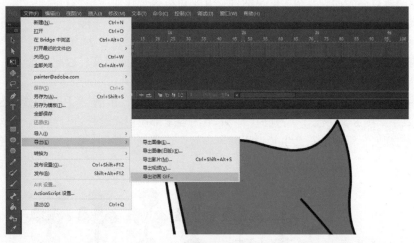

图 8-31

在弹出的"导出图像"对话框中，单击正上方的"2 栏式"，对话框将分为两部分，左侧是原图的效果，右侧是根据调整的参数输出后的效果。

对话框右侧的参数决定了输出动的大小、效果，主要包括以下几项。

- 有损：参数越大，输出的 GIF 动画文件体积就越小，但画质也会受损。
- 颜色：参数越大，输出的动画包含的颜色就越丰富，但是文件体积也会变大。
- 透明度：选中该复选框，输出的 GIF 动画将会保留透明背景。
- 图像大小：可以调整输出的 GIF 动画的图像尺寸大小。

调整参数时，右侧图像的左下角会显示输出 GIF 动画文件的体积，调整完成后，单击"保存"按钮即可，如图 8-32 所示。

本例的源文件可参考配套资源中的"8-2- 红旗飘飘 .fla"。

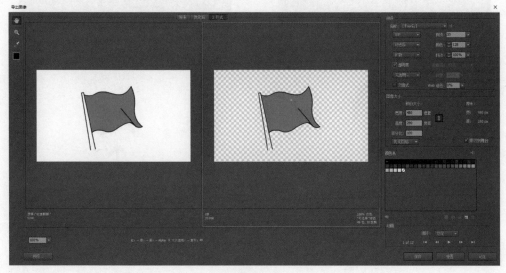

图 8-32

8.4 综合示范实例——制作逐帧动画：花的生长

在传统的动画制作过程中，一般采取逐帧动画的绘制方式，即对每帧进行绘制。由于每帧单独成画，所以逐帧动画有很大的灵活性，几乎可以表现任何能想到的内容。

逐帧动画是一种制作手法，常见的有"一拍一""一拍二""一排三"等。举例说明，"一拍一"表示一幅画面当作一帧，这也意味着，制作一秒的动画需要 24 帧；"一拍二"表示一幅画面当作两帧，也就是说，制作一秒的动画只需绘制 12 幅画面即可；以此类推，"一拍三"意味着制作一秒的动画只需绘制 8 幅画面即可。

本节将介绍使用逐帧动画的绘制方式绘制花的生长过程，本例[①]采用的制作手法为"一拍二"，展示效果如图 8-33 所示。特别说明，本节内容全部使用手绘板进行绘制。此外，本例所绘制的动画与现实生活中的花朵生长过程并不一致，为了便于绘制，部分动画效果会有适当跳跃和夸张。

图 8-33

8.4.1 制作种子发芽的动画

（1）新建一个文件，在"属性"面板中，设置舞台大小为 550×400 像素，帧频设置为 24fps。选择刷子工具，进入第一帧，在舞台底部绘制种子刚刚发芽的效果，如图 8-34 所示。

（2）按 F5 键，再按 F7 键，相当于在第二帧的位置插入一个空白关键帧，这样可以将第一帧延续播出两帧，再播放第二个关键帧，这便是"一拍二"。在第二个关键帧的位置，将种子发芽的效果较第一个关键帧稍微缩小一些，使得整个发芽过程有一定伸缩感，如图 8-35 所示。

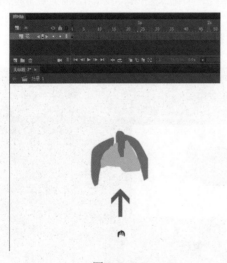

图 8-34

图 8-35

（3）按照"一拍二"的制作手法，继续绘制其余的关键帧，注意每帧都要有变化，如图 8-36 所示。

---

① 本例由原郑州轻工业学院动画系 06 级同学艾迪制作完成。

（4）在某段时间内，若种子图形的大小、形状不变，则观众无法感受到画面的变化，因此需要对种子的细节做适当修改，以便在动画中体现种子的运动变化，如图 8-37 所示。

图 8-36　　　　　　　　　　　　　　　　　图 8-37

（5）继续绘制，种子发芽后变成两片嫩叶的雏形，呈现打开状态，为长出花茎做准备，如图 8-38 所示。

图 8-38

8.4.2　制作长出花茎的动画

（1）叶子打开后，花茎从叶子中间长出，花茎的生长过程如图 8-39 所示。

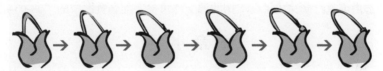

图 8-39

（2）注意控制花茎变化的节奏，不要让花茎从叶子中间迅速弹出来，而是要绘制花茎生长的迟滞过程，如图 8-40 所示。

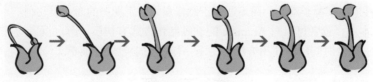

图 8-40

（3）当花茎成长趋于饱和时，再绘制花弹出的过程，此时需要花茎迅速弹出，从而增强动画的节奏感和动感，如图 8-41 所示。

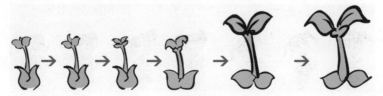

图 8-41

（4）绘制花茎长大、变粗的过程，如图 8-42 所示。

图 8-42

8.4.3 制作花开的动画

由于本例的需要，花开时的叶子不再发生变化，因此，可以新建一个图层单独绘制花朵。

（1）花开的过程可细分为两个阶段，第一阶段是冒出花骨朵，第二阶段是花骨朵盛开为鲜花。先绘制冒出花骨朵的过程，如图 8-43 所示。

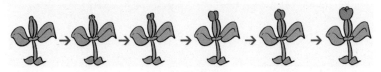

图 8-43

（2）绘制花骨朵由小变大的过程，为下一步花朵盛开做准备，如图 8-44 所示。

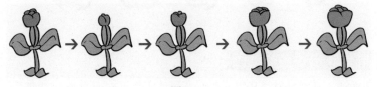

图 8-44

（3）绘制花开的过程，注意花瓣向上升，并以花蕊为中心逐步打开，如图 8-45 所示。

图 8-45

这样，全部内容就绘制完成了。本例的源文件可参考配套资源中的"08-03-flower.fla"。

本 章 小 结

本章针对 Animate 的时间轴进行了详细讲解，并通过实例介绍了逐帧动画的绘制方式。此外，还对关键帧动画进行了说明。需要指出，本章介绍的关键帧动画主要使用手绘板进行绘制，这种方法的优点为可以模拟逐帧动画的绘制方式，动画效果也有多变的表现形式，但这种方法也存在缺点，即制作周期长，且由于没有用到元件，因此修改起来非常困难。通常，该绘制方式适用于展示性质的实验类动画，而不适用于制作量大、工期短的商业类动画。

通过学习本章，读者可以对 Animate 的动画制作方式有初步了解。读者应熟练掌握逐帧动画的绘制方式，以及时间轴的使用方法，为下一阶段的学习做好准备。

练 习 题

打开配套资源中的"08-04-girl.fla"，文件内容为一位小女孩踢毽子的逐帧循环画面，如图 8-46 所示，请参照该文件进行绘制，并补充毽子飞起、落下的动画效果。

图 8-46

第 **9** 章

Animate 的补间动画制作实例

补间动画是 Animate 中的特有名词，"补间"（tween）一词源于词语"中间"（in between）。

在传统的动画制作过程中，如果对某物体进行移动、旋转、放缩等操作，即使该物体的形体不变，但为了打造连续的动画效果，也要按照每秒 24 帧逐帧绘制，工作量非常庞大。而在 Animate 中，这样的操作变得极为简单，即通过补间动画的方式就能轻松实现。

简单地讲，补间动画的实质就是由计算机自动生成动画。操作者只需将运动的物体绘制出来，然后确定该物体的起始位置和结束位置，那么，该物体的所有中间帧都由计算机自动生成。这种方式可以极大地提高动画制作的效率，因此，该技术也被视为动画制作中的一次革命。

在 Animate CS5 版本中，补间动画可以分为三种，分别是补间动画、传统补间动画和补间形状动画。

9.1 示范实例——制作传统补间动画：车轮滚动
视频教程

传统补间动画是 Animate 中历史最久的一种补间动画方式。制作传统补间动画有两个基本要素：第一，制作传统补间动画的物体必须是元件，如果在制作前没有将物体设置为元件，那么，Animate 会自动将该物体命名为"补间 x"（x 指任意正整数）；第二，必须在时间轴里设置该物体的起始帧和结束帧，并在这两个关键帧设置物体的位置、角度、大小、属性等。这样，Animate 的传统补间动画就可以自动生成两个关键帧之间的所有中间帧。

一般情况下，传统补间动画能自动生成位置、旋转角度、缩放、扭曲、透明度、色调、滤镜等属性变化的中间帧。

注意：请谨记一个原则，需要设置补间动画的物体，必须单独放在一个图层里。

（1）打开配套资源中的"9-1-车轮.fla"，文件中有两个图层，分别是"background"和"车轮"，将"车轮"图层中的车轮图形设置为元件，并命名为"车轮"，如图 9-1 所示。在时间轴的第 70 帧位置，向"background"图层插入帧，向"车轮"元件增加关键帧，如图 9-2 所示。

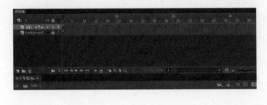

图 9-1

图 9-2

（2）在第 70 帧（即结束帧的位置）处，选中舞台中的"车轮"元件，将它移至画面的右侧，如图 9-3 所示。在两个关键帧之间的任意位置右击，在弹出的菜单中选择"创建传统补间"命令，如图 9-4 所示。

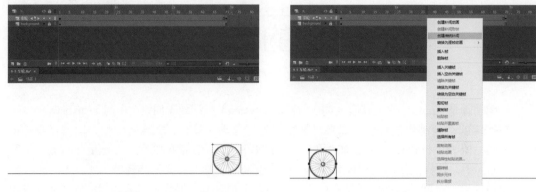

图 9-3   图 9-4

（3）创建传统补间动画后，会看到时间轴里的两个关键帧之间的所有帧变为了紫色，并且有一个长箭头，这表明传统补间动画创建成功，按 Enter 键，可以看到"车轮"已经生成了位移动画，如图 9-5 所示。如果中间帧变为紫色，但出现的箭头是虚线，则表明该传统补间动画创建失败，如图 9-6 所示。

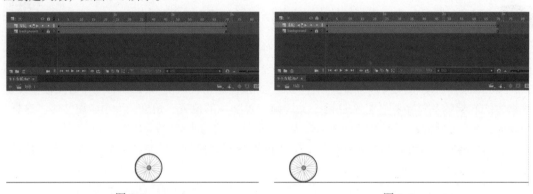

图 9-5   图 9-6

传统补间动画创建失败的原因有若干种，一般情况下，需要注意以下两种常见问题。

①起始帧和结束帧必须是同一个元件。

②在起始帧和结束帧中，除一个元件外，不能有其他任何物体。

（4）设置物体的旋转动画。在结束帧位置选中"车轮"，按 Q 键，使用任意变形工具对"车轮"进行旋转，按 Enter 键开始播放，可以看到"车轮"开始旋转。

（5）如果希望对旋转进行精准控制，可以在紫色中间帧的任意位置单击，打开"属性"面板中的"补间"下拉菜单，单击"旋转"下拉列表，可以看到有四种不同的旋转方式，分别为"无""任意""顺时针""逆时针"。它们的含义分别如下。

- "无"指无旋转。
- "任意"指可以使用任意变形工具，对物体进行任意角度的旋转。
- "顺时针"指可以使物体进行顺时针旋转，选中该项后，后面的数字变为可调节状态，例如，输入"1"表示顺时针旋转 1 圈，以此类推。
- "逆时针"指可以使物体进行逆时针旋转，选中该项后，后面的数字变为可调节状态，可以控制物体旋转的圈数。

本例设置为"顺时针×2",即让车轮顺时针旋转两圈,如图 9-7 所示。

（6）在结束帧位置,使用任意变形工具将车轮等比例放大一倍,再按 Enter 键开始播放动画,就可以看到"车轮"由左往右滚动,并且逐渐变大,如图 9-8 所示。

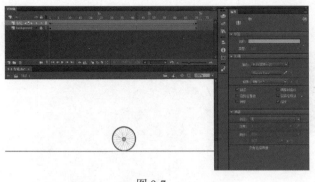
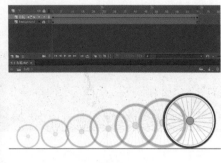

图 9-7   图 9-8

（7）在结束帧位置,单击舞台中的"车轮"元件,在"属性"面板中,将"样式"设置为"Alpha",并将"Alpha"参数值设置为"5%",则拨动时间轴时,就会看到"车轮"有渐隐效果,即透明度不断降低,这也是在传统补间动画中调整透明度的方法,如图 9-9 所示。

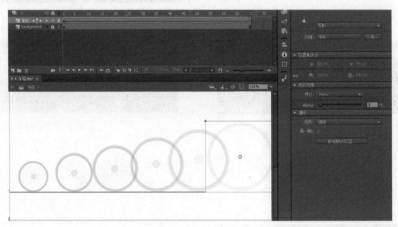

图 9-9

此外,如果将元件设置为"影片剪辑"类型,还可以添加"滤镜"效果。

9.2 示范实例——制作传统补间动画：小球弹跳

视频
教程

本节的实例要求制作小球弹跳的动画,该动画可以锻炼动画从业人员的基本功,本例也是熟悉动画运动规律的经典入门实例。

（1）新建"地面"图层用于绘制"地面",再新建"球"图层用于绘制小球,并将小球设置为元件,放在舞台左侧的位置,如图 9-10 所示。

（2）选中小球,使用任意变形工具,将小球的旋转中心点由正中间移至底部,如图 9-11 所示。这一步至关重要,必须在制作补间动画之前进行,如果两个关键帧里物体的中心点不同,则无法成功创建传统补间动画。

（3）设置小球的第一次跳跃,选中第 10 帧,按 F6 键设置关键帧,向上且向右移动小球；选中第 20 帧,按 F6 键设置关键帧,向右且向下移动小球,使它回到地面位置,如图 9-12 所示。

（4）设置小球的第二次跳跃，本次小球的弹跳力度要比第一次跳跃小一些。因此，在第 28 帧位置设置关键帧，调整小球位置，弹跳高度要比第一次低，弹跳距离也比第一次近；然后，在第 36 帧位置也设置关键帧，并调整小球位置，第二次跳跃使用 16 帧就完成了，比第一次跳跃少 4 帧，如图 9-13 所示。

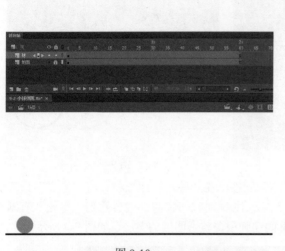

图 9-10

图 9-11

图 9-12

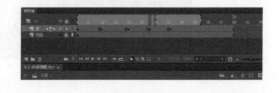

图 9-13

（5）设置小球的第三次跳跃，分别在第 42 帧和第 49 帧位置设置关键帧，并调整小球的位置，第三次跳跃的高度和距离都比第二次要小，使小球的位置如图 9-14 所示。

（6）设置小球的第四次跳跃，分别在第 54 帧和第 59 帧位置设置关键帧，并调整小球的位置，第四次跳跃的高度和距离都比第三次要小，使小球的位置如图 9-15 所示。

（7）现在共有 9 个关键帧，需要添加 8 个传统补间动画，如果逐个创建传统补间动画则需要多次右击鼠标，比较烦琐。为了便于操作，可以批量创建传统补间动画，直接框选所有的关键帧，使其处于蓝色被选中状态，然后在任意位置右击，在弹出的菜单中选择"创建传统补间"命令，就可以一次性创建多个传统补间动画，如图 9-16 所示。

（8）创建完传统补间动画后，可以按 Enter 键进行播放，会发现小球的运动轨迹并不真实，这是由于小球匀速运动造成的，如图 9-17 所示。

物体的运动状态一般分为四种，即静止、匀速运动、加速运动、减速运动。在实际生活中，一个物体由于受到地球的重力、空气的阻力等，通常不是匀速运动。我们认真观察实际的小球跳动，可以发现小球离开和接近地面的瞬时速度最快，而到达最高点的瞬时速度最慢。也就是说，小球弹起时，受重力影响，速度会越来越慢，做减速运动；小球落下时，受重力吸引，速度会越来越快，做加速运动。

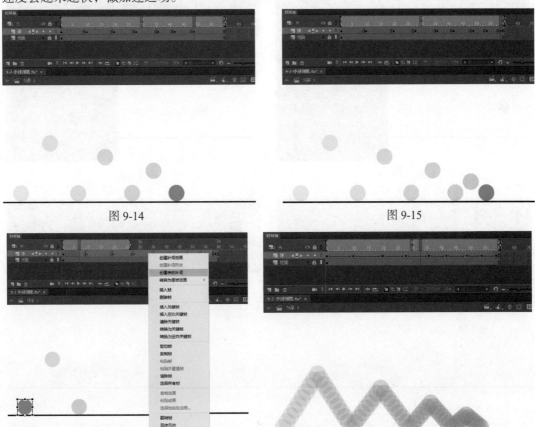

图 9-14　　　　　　　　　　　图 9-15

图 9-16　　　　　　　　　　　图 9-17

　　在 Animate 中，由于传统补间动画只能按照两个关键帧的平均数值计入每个中间帧，因此，物体做匀速运动，所以，目前本例中小球的运动轨迹看起来不真实。如果想增加传统补间动画的变速运动，则需要调节"缓动"值。具体方法为选中补间动画中的任意帧，在"属性"面板中调节"缓动"值，正值为减速运动，数值越大，减速效果就越强烈；负值为加速度，数值越小，加速效果就越强烈。如果需要制作复杂的变速运动，也可以单击数值前面的铅笔图标，进入"自定义缓入／缓出"面板调节曲线，以便加入更丰富的变速运动效果。

　　接下来，制作本例的小球变速运动效果。

　　（9）在小球上升的传统补间动画中，选择任意帧，在"属性"面板中将"缓动"参数值设置为"16"，即添加了减速运动效果，如图 9-18 所示。

　　（10）在小球落下的传统补间动画中，选择任意帧，在"属性"面板中将"缓动"参数值设置为"-16"，即添加了加速运动效果，如图 9-19 所示。

　　（11）当前制作的小球是一颗刚性硬球，如果想做出软质皮球的效果，还需要考虑落地时的形变。在小球落地的关键帧，即第 1、20、36、49 和 59 帧位置，将小球适当压扁，做出小球落地形变的效果，如图 9-20 所示。

　　（12）需要注意，小球只有接触地面时是被压扁的，在其弹起的瞬间和落地前应该是拉伸状态。在每个落地关键帧的前、后分别设置关键帧，即在第 2、19、21、35、37、48、50 和 58 帧设置关键帧，并将小球适当拉伸，如图 9-21 所示。

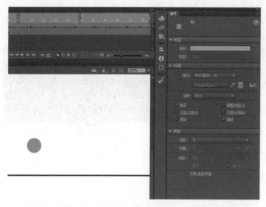

图 9-18 图 9-19

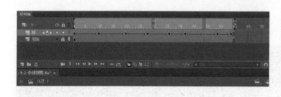

图 9-20 图 9-21

播放动画，可以发现小球已经出现形变效果。但需要注意，小球应当沿着运动方向拉伸，而当前的拉伸方向是直上直下的，需要调整。

（13）在小球落地关键帧的前、后分别设置关键帧，即在第 2、19、21、35、37、48、50、和 58 帧设置关键帧，将小球沿着运动的方向进行旋转，再按 Enter 键进行播放，会看到小球的拉伸方向有所改变，如图 9-22 所示。

（14）当小球跳至最高点时，应将运动轨迹做成一小段弧线，在第 9、11、27、29、41、43、53 和 55 帧设置关键帧，如图 9-23 所示。这样，小球弹跳的动画就完成了。

本例的源文件可参考配套资源中的"09-02- 小球弹跳 .fla"。

图 9-22 图 9-23

视频
教程

9.3 示范实例——制作补间动画：小球转弯

在 Animate 的版本升级后，补间动画也进行了升级。为了进行区分，原先的补间动画被称为传统补间动画，而新的补间动画则是一种全新的动画生成方式。

这种新的补间动画生成方式更接近 Adobe 公司开发的一款影视特效软件 After Effects，可调节的参数更加多样化、直观化，甚至可以看到每帧的运动轨迹。本节将通过实例来介绍这种全新的补间动画的使用方法。

（1）创建场景，包括一个弧形底座和一个球体，分别放在两个图层中，如图 9-24 所示。

（2）制作小球落下的效果，我们将小球的运动轨迹设计为沿着弧形底座滚动，即小球的运动轨迹是一段弧线。如果使用传统补间动画，制作的效果如图 9-25 所示。若想绘制完美的弧线运动轨迹，需要设置很多关键帧，因此效率很低。

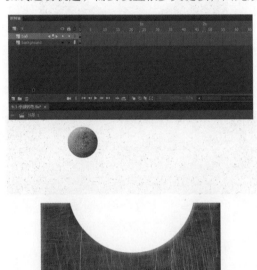

图 9-24

图 9-25

（3）因此，使用新的补间动画方式，制作弧线运动轨迹。在第 30 帧位置，给两个图层都插入帧，注意插入的是普通帧而不是关键帧。然后在"ball"图层的任意帧位置右击，在弹出的菜单中选择"创建补间动画"命令，就会看到"ball"图层中的所有普通帧都由浅灰色变成了浅蓝色，这表明补间动画创建成功，如图 9-26 所示。

（4）在第 15 帧位置，将小球移至弧形底座的凹处中间，会看到时间轴里的"ball"图层的第 15 帧位置出现了一个小菱形，这就是补间动画自动记录的关键帧，如果在某帧位置，物体发生了变化，补间动画会自动记录为一个关键帧，而且所有帧里的小球，其球心会构成一条连线，这就是小球的运动轨迹。在第 30 帧位置，将小球移至弹起的位置，小球的运动轨迹呈 V 字形，如图 9-27 所示。

（5）接下来，调整小球的运动轨迹，使用移动工具，用鼠标拖曳小球的运动轨迹，可以将其变为曲线，如图 9-28 所示。另一种方法，可以使用部分选取工具，单击运动轨迹，使线上的节点都显示出来，再选中需要调节的节点，出现曲线调节杠杆，使用调节杠杆来修改小球的运动轨迹，使小球的运动轨迹沿着弧形底座呈马蹄形，如图 9-29 所示。

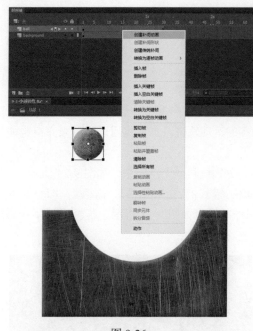

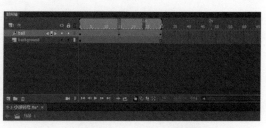

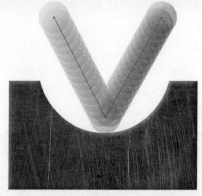

图 9-26

图 9-27

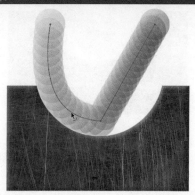

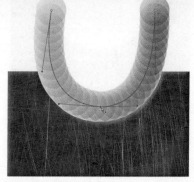

图 9-28

图 9-29

本例的源文件可参考配套资源中的"09-03- 小球转弯 .fla"。

9.4 示范实例——制作补间动画：颠簸的汽车

　　使用补间动画，不仅可以在场景中对动画进行调整，还可以将动画先放入元件中，再将
包含动画的元件放入场景中进行循环，甚至可以嵌套多个元件，形成动画嵌套动画的效果，
本节将通过实例进行讲解。

　　打开配套资源中的"09-04- 颠簸的汽车 - 素材 .fla"，文件中的场景包含一辆小汽车，汽车
的各部件被分别放入了不同的图层，并被转换为对应的元件，如图 9-30 所示。

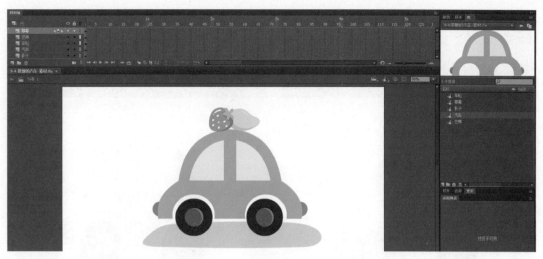

图 9-30

（1）在第 12 帧位置，按 F5 键，为所有图层插入帧，如图 9-31 所示。

（2）在中间帧的任意位置右击，并在弹出的菜单中选择"创建补间动画"命令，如图 9-32 所示。

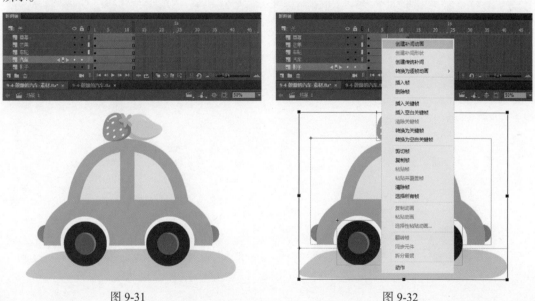

图 9-31   图 9-32

（3）在第 12 帧位置，按 F6 键，为"车轮""汽车""影子"三个图层设置关键帧，这样，第 1 帧和末帧是一样的，便于制作循环动画，如图 9-33 所示。

（4）先调整汽车的动画效果，为了便于观察，先把"草莓""芒果"两个图层隐藏。然后在第 6 帧位置，为"车轮""汽车""影子"三个图层设置关键帧，并将舞台中的汽车、车轮和影子的图形高度适当拉长，做出汽车颠簸弹起的效果，按 Enter 键，观察汽车的动画效果，如图 9-34 所示。

（5）在第 10 帧位置，给"车轮""汽车""影子"三个图层设置关键帧，并将舞台中的汽车、车轮和影子的图像高度适当压扁，做出汽车颠簸挤压的变形效果，如图 9-35 所示。

（6）把"草莓"和"芒果"图层显示出来，并在第 12 帧位置设置关键帧，和第 1 帧保持一致，以便制作动画循环的效果，如图 9-36 所示。

图 9-33

图 9-34

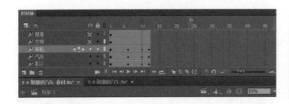

图 9-35

图 9-36

（7）在第 5 帧和第 6 帧位置，给"草莓"和"芒果"图层设置关键帧，并让舞台中的草莓和芒果离开车顶，使两者弹起的高度有所区别，体现变化细节，如图 9-37 所示。

（8）制作动画循环的效果。全选五个图层并右击，在弹出的菜单中选择"剪切图层"命令；按 Ctrl+F8 组合键，弹出"创建新元件"对话框，新建"汽车 - 完整"元件，类型选择"图形"，然后在该元件内部，粘贴这五个图层，如图 9-38 所示。

（9）回到舞台中，因为五个图层在元件中，而现在的舞台只剩下一个空图层。把这个图层重命名为"Car"，然后再把"汽车 - 完整"元件拖进来，调整大小和位置，在第 60 帧位置插入帧，按 Enter 键播放动画，汽车开始运动。由于在之前的五个图层中制作的动画均为 12 帧，因此"Car"图层内的 60 帧正好可以循环播放五次动画，如图 9-39 所示。

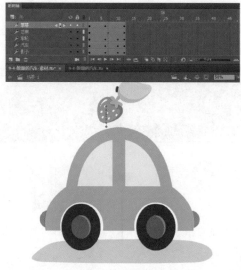

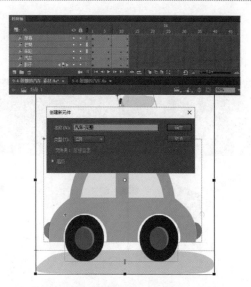

图 9-37　　　　　　　　　　　　　　　　　　　　图 9-38

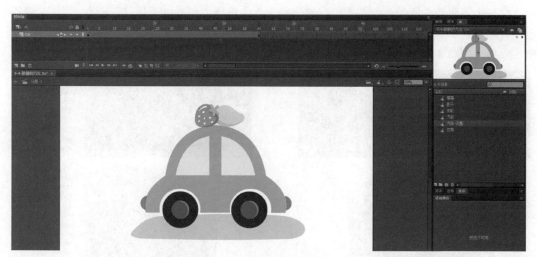

图 9-39

本例的源文件可参考配套资源中的"09-04- 颠簸的汽车 .fla"。

9.5 示范实例——制作补间形状动画：立方体旋转

视频
教程

　　补间动画简单实用、容易上手，但这种动画制作方式的前提是图形不发生形状变化，如果需要将图形的形状变化做成动画效果，就需要使用全新的补间动画形式——补间形状动画。

　　补间形状动画是 Animate 中补间动画的一种，它可以将图形的形状变化过程用动画的形式表现出来。

　　制作补间形状动画必须满足以下两个条件。

- 只有色块或线条才能创建补间形状动画，元件、组等其他类型无法使用。如果需要对元件、组创建补间形状动画，则需要对它们执行菜单命令"修改"→"分离"，或按 Ctrl+B 组合键，将它们打散为色块，然后再创建补间形状动画。
- 每个创建补间形状动画的色块，必须单独放在一个图层中，同一图层不能放置多个色块，否则补间形状动画会创建失败。

接下来，通过实例对补间形状动画进行详细讲解。

（1）新建一个文件，创建三个图层，分别命名为"背光面""中见面""受光面"，在这三个图层中分别绘制立方体的三个面，如图 9-40 所示。

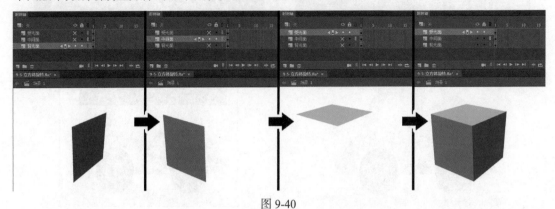

图 9-40

（2）在第 25 帧位置，给三个图层设置关键帧，分别调整三个图层中的色块，如图 9-41 所示。在三个图层的任意帧位置右击，在弹出的菜单中选择"创建补间形状"命令，为三个图层创建补间形状动画。如果两个关键帧之间变为绿色，并且有一个实线箭头，表明补间形状动画创建成功，如图 9-42 所示。

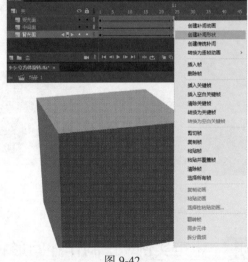

图 9-41　　　　　　　　　　　　图 9-42

（3）按 Enter 键开始播放动画，会看到立方体不断地旋转，如图 9-43 所示。

图 9-43

本例的源文件可参考配套资源中的"09-05- 立方体旋转 .fla"。

9.6 示范实例——制作补间形状动画："中"字变形

视频
教程

在制作补间形状动画时，由于物体变化前后的形状可能相差甚远，动画效果会出现问题，这就需要一些命令来配合，例如，执行菜单命令"修改"→"形状"→"添加形状提示"。

接下来，对"添加形状提示"命令进行详细讲解。

（1）新建文件，在第 1 帧位置输入"中"字，并在"属性"面板的"字符"下拉菜单中，将"系列"设置为"宋体"，如图 9-44 所示。

（2）在第 25 帧位置按 F6 键，设置关键帧，选中"中"字，并在"属性"面板的"字符"下拉菜单中，将"系列"设置为"黑体"，如图 9-45 所示。

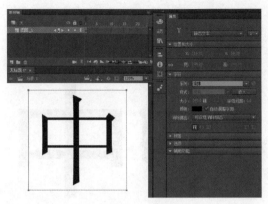
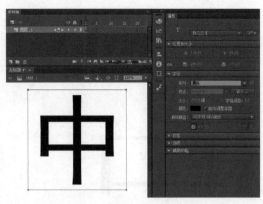

图 9-44　　　　　　　　　　　　　　　　图 9-45

这时，如果想创建补间形状动画，会发现该项为灰色的不可选状态，如图 9-46 所示。这是因为当前这两个"中"字都是文字而非色块，故将它们全部打散为色块。

（3）分别在第 1 帧和第 25 帧位置选中"中"字，执行菜单命令"修改"→"分离"，将文字都打散为色块，如图 9-47 所示。

图 9-46　　　　　　　　　　　　　　　　图 9-47

按 Enter 键，播放补间形状动画，可以发现"中"字在变形过程中出现了很大的问题，形状扭曲极其严重，如图 9-48 所示。

图 9-48

接下来，使用"添加形状提示"命令，使变形过程正常化。

（4）在第 1 帧位置，执行菜单命令"修改"→"形状"→"添加形状提示"，会看到舞台正中央出现了一个红色的"a"符号，再执行一次该命令，会在相同的位置出现一个"b"符号，如图 9-49 所示。

（5）分别将这两个形状提示符号拖到宋体"中"字上方的两个拐角处，拖动时间轴，在第 25 帧位置，会看到这两个形状提示符号还在舞台正中央，将它们拖动到黑体"中"字上方的两个拐角处，如图 9-50 所示。

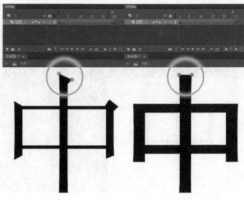

图 9-49 图 9-50

按 Enter 键，播放补间形状动画，会看到这次的变形效果就正常了，如图 9-51 所示。

图 9-51

这就是"添加形状提示"的作用，它的原理很简单，在两个关键帧中，形状提示符号的位置是对应的，即第一个关键帧的形状提示符号"a"的位置，会移至下一个关键帧的形状提示符号"a"的位置，以此类推，其他形状提示符号的位置也会相应移动。

首次创建的形状提示符号是红色的，设置好后，第一个关键帧位置的形状提示符号会变成黄色，而后面关键帧位置的形状提示符号会变为绿色。

右击形状提示符号，可以选择"添加提示"或"删除提示"命令，如图 9-52 所示。

（6）接下来，大量添加形状提示符号。这一步需要仔细观察，哪个位置变形错误，就在该位置添加形状提示符号，如图 9-53 所示。

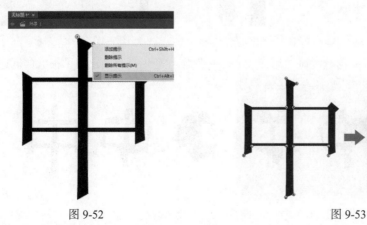

图 9-52 图 9-53

本例的源文件可参考配套资源中的"09-06-字变形.fla"。

视频
教程

9.7　综合示范实例——制作动画：两颗球的复杂运动

本节通过一个较复杂的实例[①]，对本章介绍的三种补间动画进行复习与巩固。

本例围绕小球的弹跳运动，并在场景中加入了更多道具，使小球弹跳状况更复杂、激烈，另外，场景中还加入了一颗大球，使两颗球不时发生碰撞。

打开配套资源中的"09-07-小球小品-场景.fla"，如图 9-54 所示，舞台中布置了各种各样的挡板，舞台上方还有一大一小两颗球，这两颗球为色块，便于后期创建补间形状动画；场景中的每个物体被分别放在独立的图层中，为后期创建补间动画做准备；场景中的各挡板都被设置为单独的元件，均增加了"斜角"和"发光"滤镜效果。

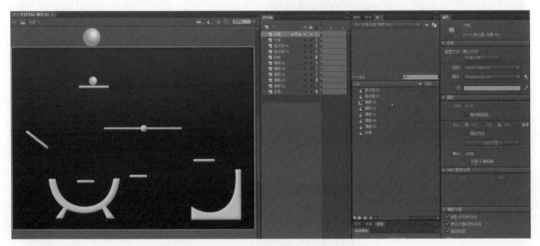

图 9-54

9.7.1　第一阶段的弹跳过程

首先，绘制小球的弹跳过程。

（1）选中小球，在第 6 帧位置设置关键帧，使用任意变形工具压缩小球，制作小球弹起前的蓄力状态，并在第 1~6 帧创建补间形状动画，如图 9-55 所示。

（2）在第 7 帧位置添加关键帧，使小球恢复原状，在第 11 帧位置添加关键帧，使小球弹至最高点，在第 7~11 帧创建补间形状动画，然后将第 8 帧转换为关键帧，将小球沿弹起的方向旋转，并适当压扁，做出小球弹起的形变效果，如图 9-56 所示。

（3）在第 17 帧位置设置关键帧，使小球落到下面的转板上，并压缩小球，为该过程创建补间形状动画。需要注意，该下落过程是加速运动，因此，选中该补间形状动画中的任意帧，在"属性"面板中，将"缓动"参数值设置为"-24"；然后在第 16 帧位置设置关键帧，使小球沿着下落的方向适当拉伸，如图 9-57 所示。

（4）在第 17~26 帧，创建小球在转板上向左跳动的补间形状动画，注意小球在弹起时的拉伸效果以及落地时的压缩效果，如图 9-58 所示。

（5）小球落到转板，转板受小球的作用力开始旋转，在小球落到转板上的那帧至第 49 帧，创建转板旋转的传统补间动画；在第 24~34 帧，创建小球沿着转板缓缓下滑的传统补间动画。需要注意，一旦小球创建了传统补间动画，则被自动转换为元件，如果继续对小球创建补

[①] 本例由郑州轻工业学院动画系 09 级周洁制作完成。

间形状动画，则需要打散元件，如图 9-59 所示。

（6）在第 35~40 帧，创建小球在转板上向右上跳动的补间形状动画，在此之前，要将小球打散为色块，同样要注意小球在运动时的拉伸和压缩效果，如图 9-60 所示。

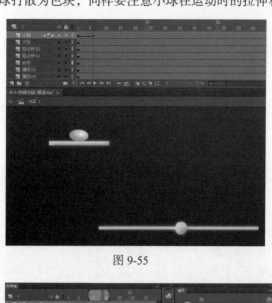

图 9-55

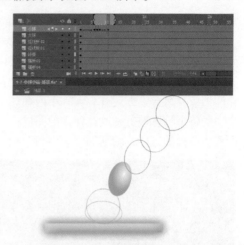

图 9-56

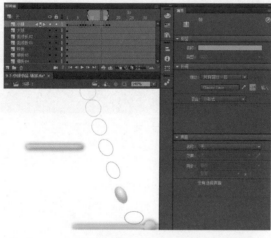

图 9-57

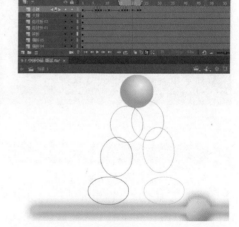

图 9-58

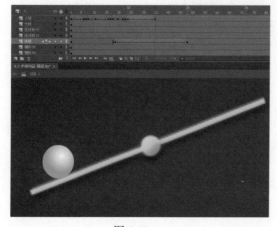

图 9-59

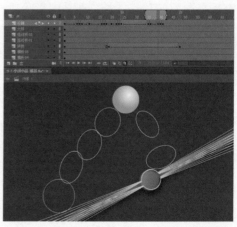

图 9-60

（7）在第 41~49 帧，使小球继续沿着转板向上跳动，并跳至转板的最右侧，如图 9-61 所示。

（8）转板最右侧受到小球的作用力，便会向右侧旋转，在第 49~62 帧，创建转板向右侧旋转的传统补间动画。再选中小球，在第 49~58 帧，使小球停留在转板右侧，并跟着转板缓缓下降，恢复到正常的球形状态，如图 9-62 所示。

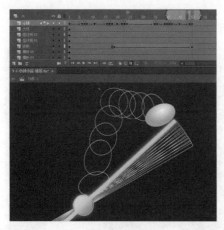

图 9-61   图 9-62

（9）在第 58~62 帧，制作小球弹起前的蓄力状态，并创建补间形状动画，如图 9-63 所示。

（10）在第 62~74 帧，创建小球从转板上弹起落到右下方横板的动画，该过程既要注意小球运动时的压缩及拉伸效果，还要调节"缓动"参数值，即小球弹起时做减速运动，将"缓动"参数值设置为"100"，小球落下时做加速运动，将"缓动"参数值设置为"-100"，如图 9-64 所示。

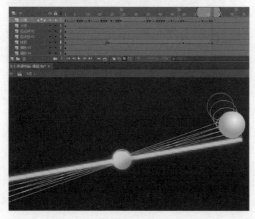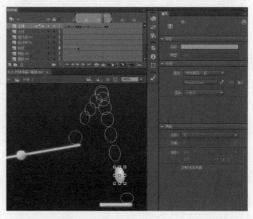

图 9-63   图 9-64

（11）由于转板在小球起跳后，受到力的影响，还会继续转动，因此在第 62~130 帧，将转板顺时针转动，打开"属性"面板，将"旋转"设置为"顺时针"，后面的参数值设置为"1"，使转板顺时针旋转一周，并将"缓动"参数值设置为"100"，使转板的速度越转越慢，如图 9-65 所示。

（12）接下来，小球要沿着弧形板运动，运动轨迹为曲线，此处需要使用"补间动画"。在第 94 帧位置设置关键帧，并在第 74~94 帧创建补间动画，可以发现，这些中间帧被自动剪切到一个新图层中，并显示为浅蓝色，如图 9-66 所示。

（13）在第 78 帧位置，将小球移至弹起的最高点，在第 85 帧位置，使小球落到弧形板上，并将它压缩变形，在第 93 帧位置，使小球滑出弧形板，飞向左侧，并将小球拉伸得更长一些。这时，播放动画效果，会发现小球的运动轨迹都是直线，如图 9-67 所示。

（14）接下来，将小球的运动轨迹改为圆润的弧线，按 V 键切换到选择工具，将鼠标指针放在小球的运动轨迹上，当鼠标指针右下方出现圆弧线标志时，按住鼠标左键并拖曳，将直线运动轨迹调整为曲线运动轨迹，使小球的运动轨迹尽量和弧形板的弧度一致。再播放动画效果，就可以看到小球紧贴着弧形板运动了，如图 9-68 所示。

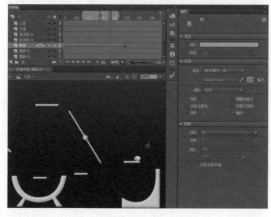

图 9-65

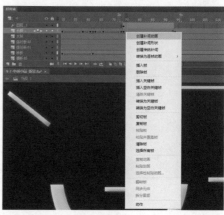

图 9-66

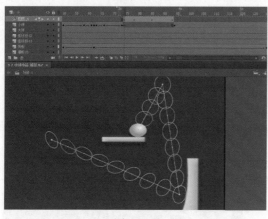

图 9-67

图 9-68

（15）使用旋转工具，在各关键帧位置调整小球的运动方向。如果发现小球的运动轨迹不能很好地贴合弧形板，则可以使用部分选取工具，对运动轨迹上的每个节点进行细致调整，如图 9-69 所示。

（16）完成了小球在弧形板上的运动后，再回到普通图层中，创建小球弹跳的补间形状动画，注意，要将补间形状动画首帧的位置和末帧的位置贴合在一起，如图 9-70 所示。

（17）在第 101~104 帧，创建小球弹起后撞到转板的补间形状动画，如图 9-71 所示。

（18）接下来，小球遇到半圆形的弧形板，在第 105~115 帧，创建补间动画，并设置小球的起始点、落地点、弹起后的最高点三个关键帧，如图 9-72 所示。

（19）使用选择工具和部分选取工具，对小球的运动轨迹进行调整，若整体调整效果不够明显，则需要对小球的位置、形状以及旋转角度进行逐帧设置，使小球在半圆形弧形板上的运动轨迹是一段圆润的弧线，如图 9-73 所示。

（20）使用补间形状动画，令小球跳到左侧的斜板，如图 9-74 所示；再令小球向右侧弹跳，落到半圆形弧形板上方的横板，如图 9-75 所示。

（21）当小球落下并碰撞横板后，由于惯性，会再向右轻轻弹跳一小段，最后静止。至此，第一阶段的小球弹跳过程绘制完成，如图 9-76 所示。

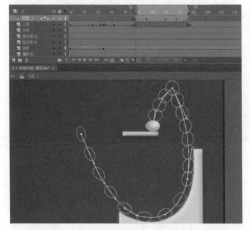

图 9-69

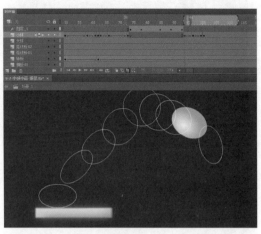

图 9-70

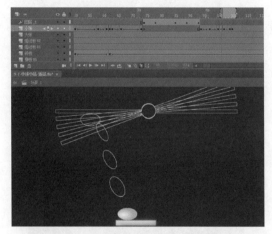

图 9-71

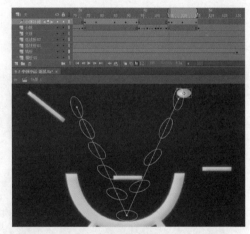

图 9-72

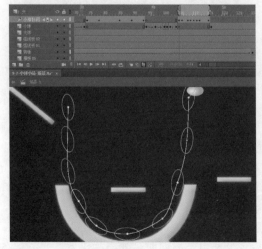

图 9-73

图 9-74

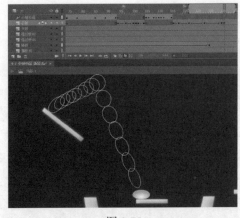

图 9-75   图 9-76

 9.7.2　第二阶段的弹跳过程

第二阶段，绘制大球的弹跳过程，以及大球与小球碰撞后产生的动画效果。

（1）选中大球，在第 160~165 帧，创建大球由画面外落到最上面横板的动画，如图 9-77 所示。

（2）大球落到横板上后，会原地轻轻地弹跳两次，由于弹跳的高度比较低，故这一阶段的大球形变效果应减弱，如图 9-78 所示。

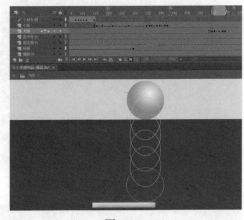

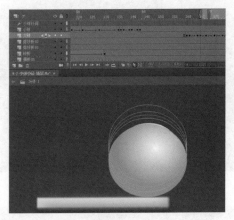

图 9-77   图 9-78

（3）然后将大球压缩，制作出蓄力的效果，再向右上方弹起，如图 9-79 所示。

（4）大球弹起后，会落到右下方的转板，如图 9-80 所示。因为大球落到转板的左侧，所以转板会逆时针旋转。在第 273~276 帧，创建转板逆时针旋转的传统补间动画，同时，大球随着转板继续下落，如图 9-81 所示。

（5）接下来，大球落到最下方的半圆形弧形板，创建补间动画，将大球的第 276~282 帧剪切到新图层中，并设置大球的起始点、落地点、弹起后的最高点三个关键帧，并调整三个关键帧上的大球旋转角度，如图 9-82 所示。

（6）调整大球的运动轨迹，使大球在半圆形弧形板上的运动轨迹变为一段圆润的弧线。若个别帧有问题，可以加入新的关键帧进行调整，如图 9-83 所示。

（7）大球弹起后，使大球落到半圆形弧形板上面的横板，即小球的旁边，如图 9-84 所示。

（8）绘制大球撞向小球的动画，两球撞击后，大球由于惯性向后弹起并落下，如图 9-85

所示。小球被大球撞击后，会做减速运动并撞向半圆形弧形板，因此小球的"缓动"参数值设置为"100"，小球撞击半圆形弧形板后会回弹一小段，然后开始下落，如图 9-86 所示。

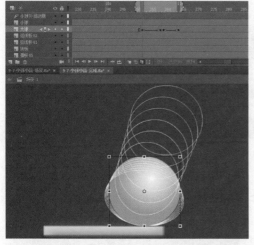

图 9-79

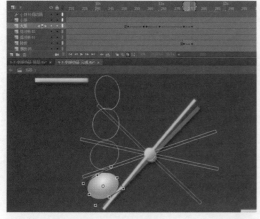

图 9-81

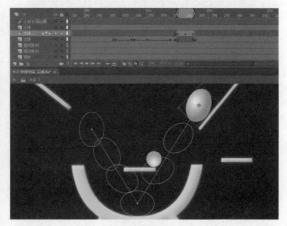

图 9-80

图 9-82

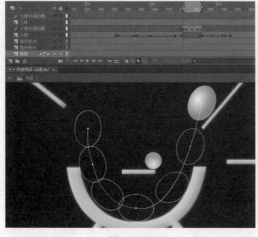

图 9-83

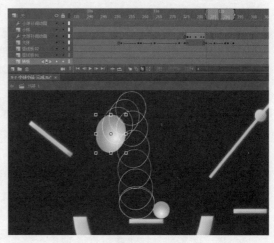

图 9-84

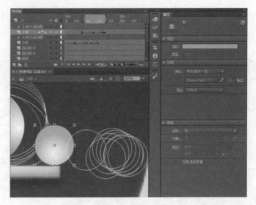

图 9-85　　　　　　　　　　　　　　　　　　　　图 9-86

（9）将小球运动过程的剩余帧创建补间动画。使小球落到半圆形弧形板，并沿着半圆形弧形板内槽滑行一段距离，如图 9-87 所示。接下来的 50 帧，小球由于惯性，在半圆形弧形板内槽滑行数次，并最终停止，如图 9-88 所示。

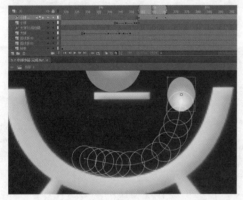

图 9-87　　　　　　　　　　　　　　　　　　　　图 9-88

至此，绘制步骤全部结束，本例的源文件可参考配套资源中的"09-07- 小球小品 - 完成 .fla"。

本 章 小 结

本章主要针对 Animate 中的三种补间动画进行了详细介绍。这三种补间动画中较为常用的是传统补间动画，传统补间动画因其简便、直观的优点，成为目前大多数使用 Animate 的动画公司的常用技术手段；而较新的补间动画反而用得少；此外，补间形状动画在制作一些复杂的形变动画时也被经常用到。

补间动画是 Animate 的特色，也是 Animate 的优势功能，熟练掌握并娴熟运用这几种不同的补间动画，能使动画制作工作更加便利、快速。

本章的实例主要围绕小球的运动，包含小球的弹跳、形变等动作，虽然看似简单，但这是熟悉物体运动规律的经典入门实例。因此，读者应熟练掌握实例中介绍的动画制作技巧，并认真观察现实生活中物体的运动方式，以便为后续的动画调节工作奠定基础。

练 习 题

设计一个新场景，场景布置区别于本章的实例，将大球、小球放入该场景中，绘制两颗球弹跳及碰撞的动画效果。

第*10*章

引导层动画和遮罩层动画制作实例

在第 2 章中，我们学习了 Animate 图层的知识，了解了五种不同的图层类型，即一般、遮罩层、被遮罩、文件夹和引导层。之前的学习内容主要围绕图层在绘制过程中的应用，本章将要着重介绍引导层、遮罩层和被遮罩在动画制作方面的使用方法。

10.1　引导层动画和遮罩层动画概述

"引导层"，顾名思义，就是"引导"物体运动轨迹的图层。

一般情况下，需要使用线条在引导层中绘制物体的运动轨迹，再将其他图层中的物体绑定在该线条上，调节动画后，物体就会沿着这条轨迹进行运动。此外，可以使用工具栏中的宽度工具，调节不同位置的线条宽度；被引导的物体可以随着线条的粗细而改变大小；线条的颜色可以进行调整，被引导的物体也可以随着线条的颜色变化而改变自身的颜色。

一个引导层可以引导多个图层中的物体，而引导层中的物体不会被导出，因此，引导层不会显示在发布的 SWF 格式文件中。

在第 4 章中，我们介绍了 Animate 遮罩层的使用方法，而本节所要讲述的遮罩层动画，指的是遮罩层在动画方面的应用，也就是让遮罩层动起来。

与引导层一样，参与遮罩层动画的图层也有遮罩层和被遮罩两种，动画制作完成后，需要将两个图层都锁定，才能看到动画效果。此外，每个遮罩层可以对多个被遮罩产生效果。

10.2　示范实例——制作动画：行进中的火箭

视频教程

 ### 10.2.1　引导层动画的基本操作

本节通过实例来介绍引导层动画的基本操作。

（1）绘制一个火箭，并转换为元件。需要注意，虽然所绘制的物体中的色块可以直接制作引导层动画，但加上补间动画后，不是元件的物体会被自动转换为元件，并被系统随机命名。所以，一般在制作引导层动画前先将物体转换为元件，以便对元件自由命名。把准备制作引导层动画的元件单独放在一个图层中，并右击该图层，在弹出的菜单中选择"添加传统运动引导层"命令，该图层上会自动新建一个引导层，并和图层直接关联，如图 10-1所示。

（2）将火箭所在的图层隐藏，以免影响在引导层中绘制线条。接下来，在引导层中绘制线条，需要注意，绘制的是线条，而不是色块，这条线将成为被引导层中物体的运动轨迹，如图 10-2 所示。

（3）使用选择工具，将被引导层已经绘制好的火箭移至引导线的一端，这里有一些小技巧：先用选择工具选中火箭，这时在火箭的正中间有一个小圆点，即该物体的中心点；再把选择工具放到这个中心点上，按住鼠标左键将火箭移至引导线的一端，这时，中心点会自动吸附到引导线上，完成移动操作，如图 10-3 所示。

（4）选中火箭，使用任意变形工具旋转火箭，使火箭的箭体与引导线处于平行状态，如图 10-4 所示。

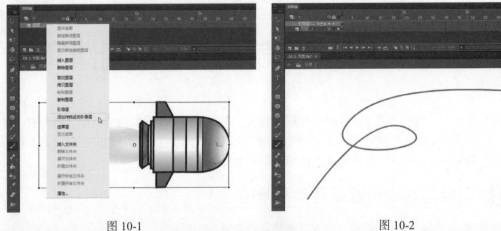

图 10-1   图 10-2

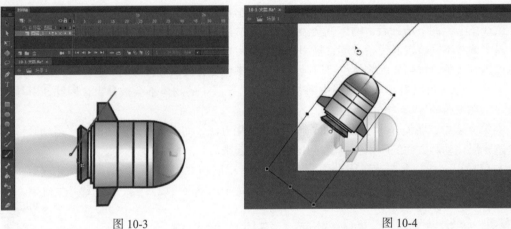

图 10-3   图 10-4

（5）选中引导层，在第 75 帧位置，按 F5 键插入帧；选中绘制火箭的图层，在第 75 帧位置，按 F6 键插入关键帧，如图 10-5 所示。

（6）在第 75 帧位置的关键帧处选中火箭，使用选择工具将火箭移至引导线的另一端，再使用任意变形工具旋转火箭，使火箭与该处的引导线处于平行状态，如图 10-6 所示。

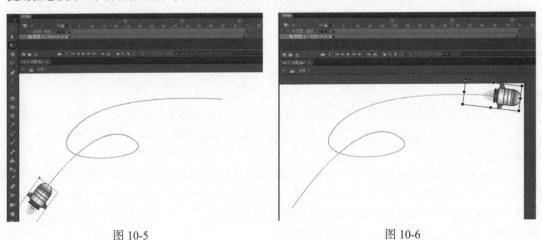

图 10-5   图 10-6

（7）在绘制火箭的图层中，右击两个关键帧中间的任意帧，在弹出的菜单中选择"创建传统补间"命令，如图 10-7 所示。

（8）按 Enter 键播放动画，可以看到火箭沿着引导线进行运动。但是，火箭拐弯时，箭体并没有进行旋转，如图 10-8 所示。

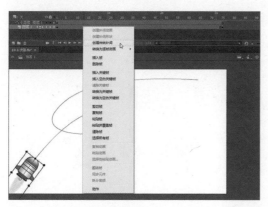

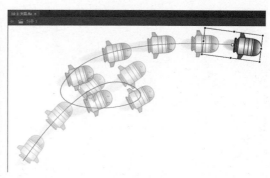

图 10-7   图 10-8

（9）如图 10-9 所示，在绘制火箭的图层中，选中传统补间动画的任意帧，按 Ctrl+F3 组合键，打开"属性"面板的"补间"下拉菜单，选中"调整到路径"复选框，再按 Enter 键播放动画，会看到火箭能够按照路径运动并旋转箭体了。

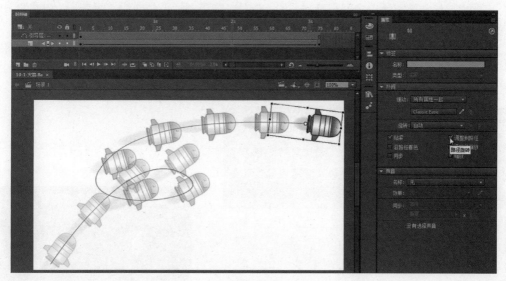

图 10-9

本例的源文件可参考配套资源中的"10-01- 火箭 .fla"。

 ### 10.2.2 引导层动画的常见问题及解决方法

初学者在学习引导层动画的操作时总会遇到一些问题，归根结底还是操作不够明确。本节将针对一些常见问题进行说明。

（1）问题一：物体没有沿着引导线运动，而是做直线运动，如图 10-10 所示。

这是因为物体没有被绑定到引导线上导致的，正确的做法是：使用选择工具先选中物体，物体中间会出现一个小圆点，把鼠标指针移至小圆点上，再使用选择工具将物体移至引导线处，小圆点会自动吸附到引导线上。只有当小圆点吸附到引导线上，物体才和引导线绑定在一起，从而沿着引导线运动，如图 10-11 所示。

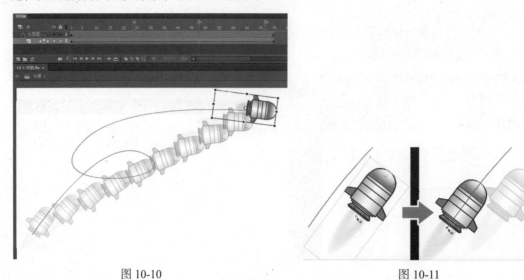

图 10-10   图 10-11

（2）问题二：物体已经被绑定到引导线上，但是依然没有沿着引导线运动，还是做直线运动，如图 10-12 所示。

观察时间轴里引导层最左侧的图标，正常情况下应该出现一条虚线构成的曲线图标，该图标表明引导层和被引导层之间是有联系的，但是，如果图标不是曲线，而是一个向左倾斜的小锤子，这就表明引导层和被引导层没有建立正确的关系。

解决的方法是重新调整图层的顺序：首先将引导层拖到物体所在图层的下方，然后再将物体所在图层拖到引导层的下方，如此操作后，就会看到引导层最左侧的小图标变成了正确的虚线构成的曲线图标，如图 10-13 所示。

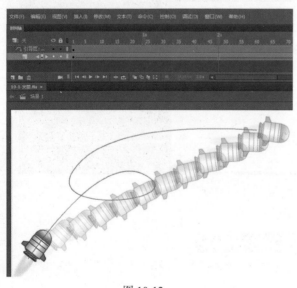

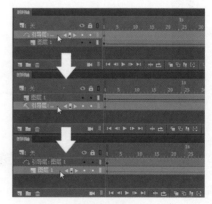

图 10-12   图 10-13

（3）问题三：物体已经被绑定到引导线上，而且引导层和物体所在图层也建立好了联系，但是，物体依然做直线运动。

这种情况可能是引导线出了问题，仔细观察引导线是否有断开的情况，如图 10-14 所示。

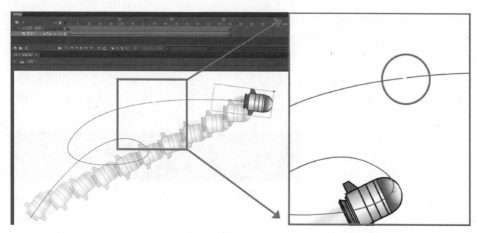

图 10-14

解决的方法是：把断开的引导线连接在一起即可。

10.3 示范实例——制作动画：树叶飘落

视频
教程

本例使用前述章节所绘制的场景来制作。打开配套资源中的"10-02-落叶飘下-素材.fla"，文件已经分好了图层，前景的树为单独的图层，文件的库中有一片绘制好的树叶，已经被转换为"树叶"图形元件，如图 10-15 所示。

图 10-15

（1）按 Ctrl+F8 组合键，新建"树叶翻转动画"图形元件，从库中把"树叶"元件拖入舞台中，用于制作树叶翻转的动画。在第 1~25 帧，使用工具栏中的任意变形工具，制作出树叶上下翻转的动画，如图 10-16 所示。

图 10-16

（2）新建"树叶飘落"图形元件，在该元件中先绘制一条曲线，作为树叶飘落的路径（即引导线）。因为树叶飘落时会随风飘动，路径是不断变化的，所以绘制的引导线应显得飘摇，如图 10-17 所示。

（3）在"树叶飘落"元件中新建"树叶"图层，把"树叶翻转动画"图形元件拖入该图层中，制作长度为 140 帧的引导层动画。制作完成后播放动画，可以看到树叶在引导线上运动时，树叶翻转动画也会循环播放，这就是典型的动画套动画效果，如图 10-18 所示。

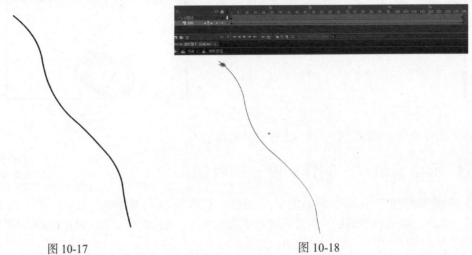

图 10-17   图 10-18

（4）在引导层动画中，物体可以随着引导线的状态变化而改变，例如，物体可以随着引导线的粗细变化而放大或缩小，或是随着引导线颜色变化而变换色调。

使用工具栏中的宽度工具，将鼠标指针移至引导线的下端，按住鼠标左键进行拖动，可以将引导线的下端变粗，使引导线变为由上到下逐渐变粗的样式，如图 10-19 所示。

（5）选中传统补间动画的任意帧，在"属性"面板的"补间"下拉菜单中，选中"沿路径缩放"复选框，再播放动画，就会看到树叶随着引导线变粗而叶片增大，如图 10-20 所示。

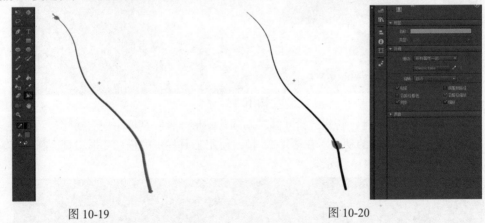

图 10-19   图 10-20

（6）设计本场景时，树叶会从绿色的树上飘落到金黄色的地面，所以还要调整树叶的颜色。故树叶刚开始为绿色，然后慢慢飘落，树叶也逐渐变黄，这样可以和地面的颜色对应。

选中引导线，打开"颜色"面板，单击笔触颜色右侧的色块，在弹出的对话框中选择左下角的黑白渐变色，会看到引导线变成了由黑至白的渐变色，双击色彩条上的白色色标，在弹出的色彩选择框中选择一款偏黄的深绿色，如图 10-21 所示。

（7）选中传统补间动画的任意帧，在"属性"面板的"补间"下拉菜单中，选中"沿路径缩放"复选框，再播放动画，就会看到树叶随着引导线颜色变化而逐渐变黄，如图 10-22 所示。

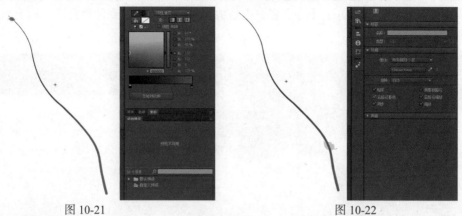

图 10-21　　　　　　　　　　　　　　　　　　　　　　图 10-22

（8）树叶飘落时，除翻转外，自身还有旋转效果，该动画效果可以直接在引导层动画中调整。在"树叶"图层中设置若干个关键帧，使用工具栏中的任意变形工具，在每个关键帧里旋转树叶，播放动画时，可以看到树叶在翻转的同时自身还会旋转，如图 10-23 所示。

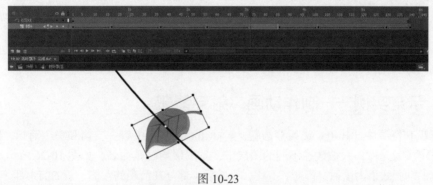

图 10-23

（9）从树上只飘落一片树叶会显得太单调，所以需要多制作一些飘落的树叶。

新建"树叶飘落 - 总"图形元件，把之前的"树叶飘落"元件拖进来，并多次复制形成多片落叶，播放动画时会发现所有树叶的飘落效果是一样的。

接下来，要把每片树叶的飘落效果做出差异。因此，把每片树叶放在单独的图层中，并将每个图层的起始帧都错开，这样使树叶飘落的动画效果各不相同，如图 10-24 所示。

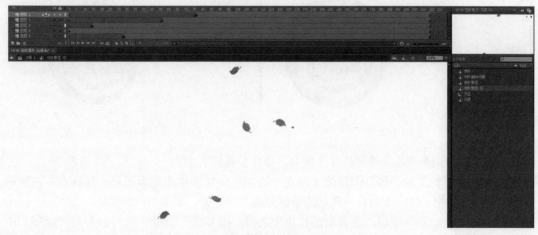

图 10-24

（10）回到舞台中，在背景和"树"图层之间新建"落叶"图层，把"树叶飘落-总"元件放入该图层中，并调整好大小和位置，再播放动画，就可以看到片片树叶从树上飘落下来了，如图10-25所示。

图 10-25

本例的源文件可参考配套资源中的"10-02-落叶飘下-完成.fla"。

10.4 示范实例——制作动画：射穿箭靶

视频
教程

打开配套资源中"10-03-箭射穿箭靶-素材.fla"，舞台中有一支箭和一个箭靶，两个物体都已经被转换为元件，并被放在不同的图层中，且图层均已重命名，如图10-26所示。

本例的动画效果为箭射穿箭靶，其中，箭的后半部分在箭靶的左侧，箭的前半部分则穿过箭靶，从右侧露出来。如果不使用遮罩层动画，那么箭的前半部分就无法隐藏，如图10-27所示。

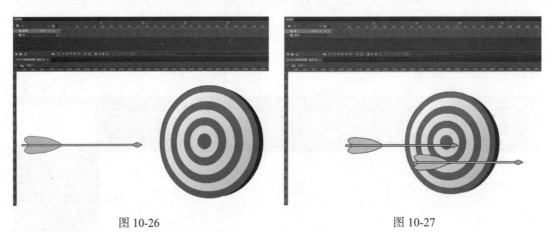

图 10-26   图 10-27

接下来，使用遮罩层动画解决这个问题，操作步骤如下。

（1）在时间轴里的"箭"图层之上新建"遮罩"图层，使用矩形工具，在舞台左侧绘制一个大矩形，要把上方、下方、左侧的舞台部分都包含进去，如图10-28所示。

（2）右击"遮罩"图层，在弹出的菜单中选择"遮罩层"命令，这时会看到"遮罩"图层中的大矩形消失了，"遮罩"图层和下面的"箭"图层也被同时锁定了，如图10-29所示。

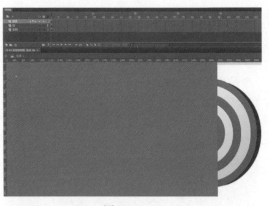
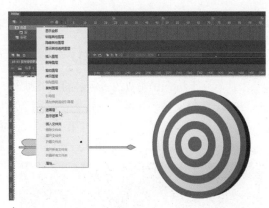

图 10-28　　　　　　　　　　　　　　图 10-29

（3）制作箭射穿箭靶的传统补间动画，由于"箭"图层已经被锁定，制作时需要将相应的图层解锁。播放动画时会发现，箭只会在原先"遮罩"图层的大矩形区域内显示，而超出该部分的区域都被隐藏了，如图 10-30 所示。

（4）继续在"遮罩"图层中补充遮罩，紧贴着箭靶的右侧，将舞台中的剩余部分也包含在补充遮罩内，如图 10-31 所示。

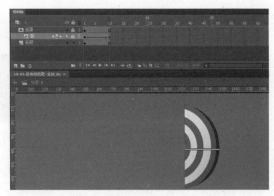

图 10-30　　　　　　　　　　　　　　图 10-31

（5）重新播放动画，会看到箭的前半部分可以显示了，并且被箭靶遮挡的中间箭身部分也被遮罩层隐藏了，如图 10-32 所示。

（6）一个遮罩层可以对多个图层进行遮罩，因此，复制多个"箭"图层，制作多支箭射中箭靶的动画效果，如图 10-33 所示。

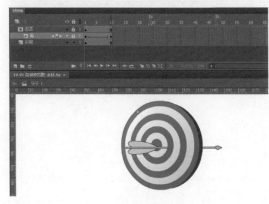
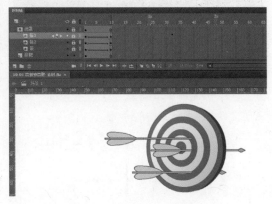

图 10-32　　　　　　　　　　　　　　图 10-33

本例的源文件可参考配套资源中的"10-03-箭射穿箭靶-完成.fla"。

10.5 示范实例——制作动画：文字闪烁

从本质上讲，10.4节的实例讲的是被遮罩的设置，本节将通过实例介绍遮罩层的使用方法。

（1）新建文件，并输入一行文字，用于制作文字闪烁的效果，如图10-34所示。

（2）新建"遮罩"图层，将第1~2帧作为空白帧，在第3帧插入关键帧，并使用矩形工具将第一个字母遮住，如图10-35所示。

图10-34　　　　　　　　　　　　图10-35

（3）分别在"遮罩"图层的第6、9、12、15、18帧位置插入关键帧，在每个关键帧处，用矩形工具绘制一个矩形，用于遮挡字母或文字，如图10-36所示。

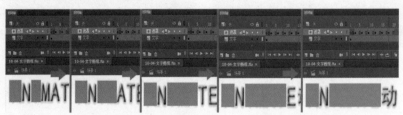

图10-36

（4）在"遮罩"图层的第50帧位置插入关键帧，并调整遮罩层中的色块，将上半部分的文字都遮住，并为第18~50帧的色块变化添加补间形状动画，如图10-37所示。

（5）在第55帧位置，将舞台中的所有文字都遮住，并创建补间形状动画，如图10-38所示。

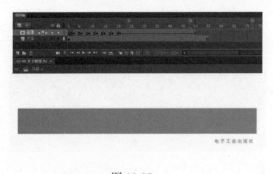
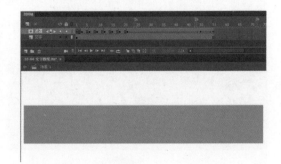

图10-37　　　　　　　　　　　　图10-38

播放动画，就可以看到文字闪烁的效果了，如图10-39所示。

图10-39

本例的源文件可参考配套资源中的"10-04- 文字叠现 .fla"。

10.6　示范实例——制作手绘效果

我们有时在一些动画中可以看到"画面中的一幅画被一笔一笔绘制出来",这种动画效果一般采用逐帧动画的制作方法,该方法在 8.4 节"综合示范实例——制作逐帧动画:花的生长"中曾经介绍过。

与 8.4 节不同,本节将通过实例[1]介绍采用逐笔绘制的方法创作一幅画的手绘动画,这种方法使用遮罩的方式进行制作。

先介绍本例的制作思路。本例采用遮罩的方式进行制作,这种方法被称为动态遮罩,即使用遮罩遮挡物体即将显示的部分,从而使物体逐渐显示出来。完成后的动画效果就好比物体被一笔一笔绘制出来的。绘制遮罩时,只需注意物体部分是否被遮挡,而对于空白区域,遮罩不会对其产生影响。

本例既可以使用刷子工具绘制遮罩,也可以使用手绘板绘制遮罩。

(1)打开配套资源中的"10-05- 手绘效果 - 素材 .fla",如图 10-40 所示。

(2)如图 10-41 所示,将文件中的花转换为"花开"图形元件,进入元件中,将花的黑色轮廓线选中,剪切到新图层中,即将花的黑色轮廓线放入图层"轮廓线"中,将花的颜色部分放入图层"颜色"中。

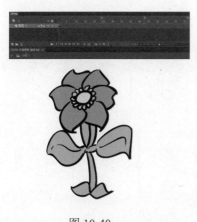

图 10-40

图 10-41

(3)将"颜色"图层隐藏,以便绘制轮廓线的遮罩部分。在"轮廓线"图层之上新建"轮廓线遮罩"图层,如图 10-42 所示。

本例将花分为黑色轮廓线和颜色两部分,对它们分别使用遮罩。先绘制黑色轮廓线中的花蕊,再绘制花瓣,然后绘制花茎、叶子。按照同样的顺序,再对花的颜色部分绘制一遍。

(4)在"轮廓线遮罩"图层的第 1 帧位置设置关键帧,使用刷子工具绘制色块,颜色可任意选择,只要将花蕊的一部分遮挡即可,如图 10-43 所示。

(5)继续添加关键帧,以逐帧的方式绘制遮罩部分,使色块逐渐遮挡花蕊的四周,如图 10-44 所示;使用同样的方法,为花蕊的中心部分添加动态遮罩,如图 10-45 所示;为花瓣添加动态遮罩,如图 10-46 所示;为花茎添加动态遮罩,如图 10-47 所示;为花根部的叶子添加动态遮罩,如图 10-48 所示;为花茎两边的叶子添加动态遮罩,如图 10-49 所示。

---

[1] 本例由原郑州轻工业学院动画系 06 级同学艾迪制作完成。

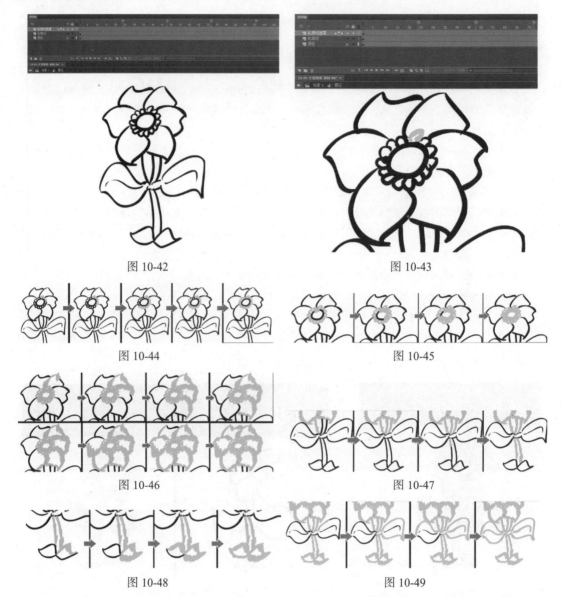

图 10-42　　　　　　　　　　　　　　　　图 10-43

图 10-44　　　　　　　　　　　　　　　　图 10-45

图 10-46　　　　　　　　　　　　　　　　图 10-47

图 10-48　　　　　　　　　　　　　　　　图 10-49

（6）右击"轮廓线遮罩"图层，在弹出的菜单中选择"遮罩层"命令，将该图层变为"轮廓线"图层的遮罩层。然后播放动画，可以看到花的黑色轮廓线被逐笔绘制出来了，如图 10-50 所示。

图 10-50

（7）将"轮廓线"和"轮廓线遮罩"图层隐藏，准备绘制花的颜色的遮罩部分。在"颜色"图层之上新建"颜色遮罩"图层。由于轮廓线的动态遮罩绘制了 137 帧，而这段时间内，颜色部分是不应该显示的，因此在时间轴里，将"颜色"和"颜色遮罩"图层的前 137 帧全部删除，使这些帧成为空白帧，从第 138 帧位置给"颜色"和"颜色遮罩"图层设置关键帧,即这两个图层在第 138 帧才开始显示,然后在"颜色遮罩"图层绘制花瓣的动态遮罩,如图 10-51 所示。

图 10-51

(8)在"颜色遮罩"图层中,绘制花茎和叶子的动态遮罩。可以先用比较潦草的线条绘制大致的范围,从而使手绘笔触的感觉更强烈一些,然后,再用较大的色块将花茎和叶子完全遮住,如图 10-52 所示。

(9)继续在"颜色遮罩"图层中绘制动态遮罩,把颜色部分完全遮住,如图 10-53 所示。

图 10-52

图 10-53

(10)将"颜色遮罩"图层转换为"颜色"图层的遮罩层。这样,整个动画就完成了,共用了 210 帧,如图 10-54 所示。

图 10-54

(11)回到场景中,将配套资源中的"10-05- 手绘效果 - 底纹 .png"导入舞台中,并置于时间轴里所有图层的最下面,将其转换为元件并调整好大小。最后播放动画,这朵花就真的像在纸上被手绘出来一样,如图 10-55 所示。

图 10-55

本例的源文件可参考配套资源中的"10-05-手绘效果-完成.fla"。

10.7 综合示范实例——制作动画：太阳系运动

打开配套资源中的"10-06-太阳系-素材.fla"，该文件的舞台大小为720×576像素，帧频为25fps，舞台背景色为黑色。舞台中绘有太阳和八大行星，放在同一图层中，每颗行星都被单独转换为"影片剪辑"元件，并添加了"发光"滤镜。其中，"木星"元件尚不完成，需要为其制作旋转的动画效果，其他的行星暂时不用处理，如图10-56所示。

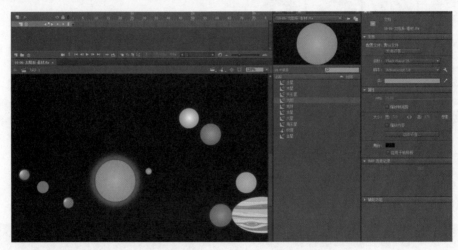

图 10-56

10.7.1 制作木星自转的动画

（1）双击"木星"元件，进入其内部，会看到有两个图层，分别绘有木星球体和木星纹理，其中，木星纹理已经被转换为图形元件，为了方便读者观看，"木星纹理"图层以线框模式显示，如图10-57所示。

（2）为"木星纹理"图层在第50帧位置插入关键帧，并将该图形元件向左拖动，使其最右侧和球体最右侧基本重合，然后添加传统补间动画，如图10-58所示。

（3）右击"木星"图层。在弹出的菜单中选择"复制图层"命令，将"木星"图层复制后生成"木星 复制"图层，并放在所有图层之上，如图10-59所示。

（4）右击"木星 复制"图层，在弹出的菜单中选择"遮罩层"命令，将它设置为"木星纹理"图层的遮罩层。这样，木星就正常显示了，播放动画时便会看到木星可以自转，如图10-60所示。

（5）将所有图层锁定，单击时间轴下方的"循环"按钮，并设置第1~50帧循环播放，检查木星自转的动画效果，如图10-61所示。

（6）回到场景中，为"木星"影片剪辑元件添加"斜角"滤镜，将"模糊"参数值均设置为"12像素"，"强度"设置为"60%"，"品质"设置为"高"；再添加"发光"滤镜，将"模糊"参数值均设置为"12 像素","强度"设置为"60%","品质"设置为"高",颜色为淡蓝色,使木星更立体化。需要注意,现在的"木星"元件的类型是"影片剪辑",在场景中播放是看不到动画效果的,需要导出 swf 格式的文件进行播放才能看到动画效果,如图 10-62 所示。

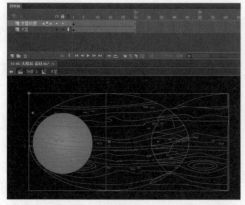

<table>
<tr><td>图 10-57</td><td>图 10-58</td></tr>
</table>

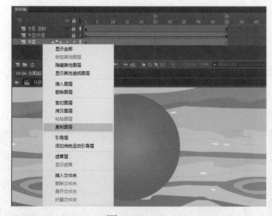
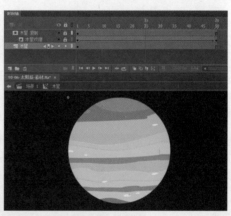

图 10-59   图 10-60

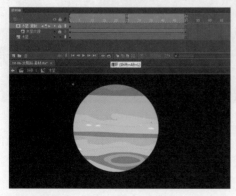
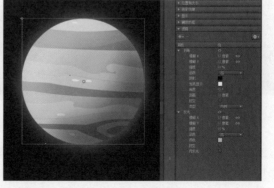

图 10-61   图 10-62

10.7.2 制作行星围绕太阳转动的动画

(1)选中场景中的所有元件,然后右击,在弹出的菜单中选择"分散到图层"命令,舞台中的每个元件都会被单独放在不同的图层中,为接下来制作行星围绕太阳转动的动画做准备,如图 10-63 所示。

（2）在时间轴里的所有图层之上新建图层，绘制八大行星的运行轨迹，如图 10-64 所示。

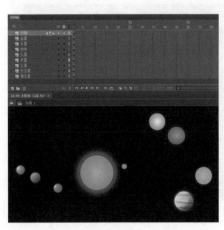

图 10-63

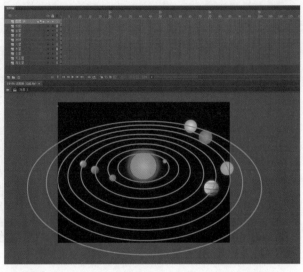

图 10-64

（3）右击绘制运动轨迹的图层，在弹出的菜单中选择"引导层"命令，将其转换为引导层，如图 10-65 所示。

（4）由于太阳在该图中不会沿着所绘制的轨迹移动，因此将"太阳"图层放在所有图层的最上面，将其余的八大行星的图层都拖到引导层的下面，成为被引导层，并调整每颗行星的位置，把它们放在各自的引导线上，如图 10-66 所示。

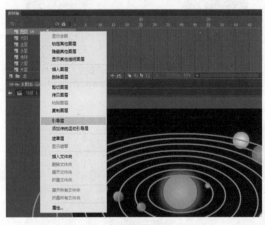

图 10-65

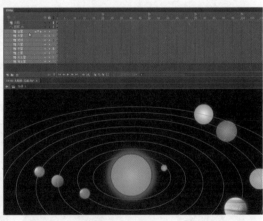

图 10-66

（5）由于每颗行星的轨道长短不一样，因此，它们每次围绕太阳运行一圈所需要的时间也不同。如果直接在时间轴里进行调整，很难保证整个运行过程能够循环播放，因此，需要将每颗行星的运行动画单独设置为一个能够循环播放的元件。

例如，在时间轴里选中"水星"图层和引导层并右击，在弹出的菜单中选择"拷贝图层"命令，如图 10-67 所示。

（6）新建"水星旋转"图形元件，进入元件内部，将刚才复制的"水星"图层和引导层粘贴进来。接下来，绘制水星在引导层的转动动画，该动画时长约为 2 秒，需要 50 帧。为了使水星转动一圈，故分别在"水星"图层的第 15、31、50 帧位置插入关键帧，并在每个关键帧处调节"水星"元件，使其沿着引导线做逆时针运动，并添加传统补间动画，如图 10-68 所示。

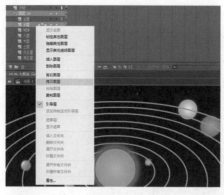

图 10-67

图 10-68

（7）回到场景中，将"水星"图层拖到引导层的外面，"太阳"图层的下面。删除"水星"图层中的"水星"元件，将"水星旋转"图形元件从"库"面板中拖入，并放在合适的位置。为所有图层在第 300 帧位置插入普通帧，然后播放动画，就可以看到水星围绕太阳转动了，如图 10-69 所示。

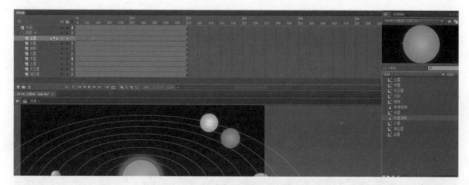

图 10-69

（8）按上述操作步骤，绘制剩余七颗行星围绕太阳转动的动画。

需要注意，现在动画的总时长为 300 帧，如果希望无限循环播放，那么 300 帧要被每颗行星的运动时长都能整除，这样，每颗行星的转动动画都将在第 300 帧结束，并从第 1 帧重新开始。例如，设置水星转动一圈为 50 帧，金星、地球转动一圈为 60 帧，火星转动一圈为 75帧，木星和土星转动一圈为 100 帧，海王星和天王星转动一圈为 150 帧，如图 10-70 所示。

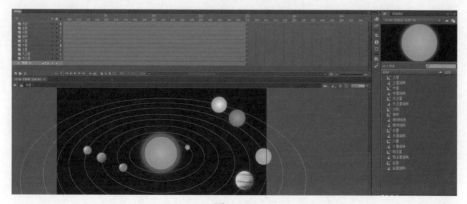

图 10-70

（9）将引导层转换为普通图层，并选中所有的引导线（即行星运动的轨迹），将它们设置为笔触为"0.10"的虚线，再播放动画，就能看到八大行星围绕太阳转动了，如图 10-71 所示。

图 10-71

（10）新建图形元件，将所有的图层剪切后，粘贴至新建的图形元件内部。再回到场景中，将图形元件拖入，就可以循环播放动画了。此外，还可以给"太阳"元件添加"发光"滤镜效果，使太阳不断闪烁，如图 10-72 所示。

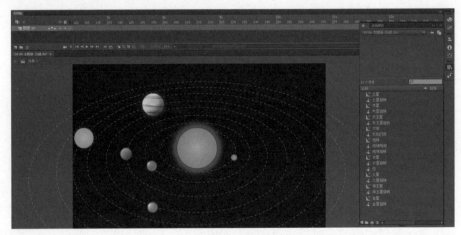

图 10-72

本例的源文件可参考配套资源中的"10-06- 太阳系 - 完成 .fla"。

本 章 小 结

本章主要介绍了 Animate 的引导层和遮罩层，以及通过它们能够实现的动画效果。这两种动画形式都是 Animate 的特色功能，经常在实际工作中使用。引导层和遮罩层的使用技术并不复杂，但在初学时可能会遇到小问题，从而导致制作失败。因此，需要读者格外细心，若遇到细节问题，请对照本章所讲的操作要点，进行确认与排查。

练 习 题

1. 使用引导层，制作树叶被风吹起的动画效果。
2. 使用遮罩层，制作手写文字的动画效果。

第11章

角色基础动作的制作实例

人们总有一种内在的迫切愿望,想将他们看到的世界上的所有事物以某种形式呈现出来。日常生活中,常伴人类左右的小动物的种种行为成为了人们绘画、雕塑以及其他常见造型方式的表现对象。随着创作技术的逐渐成熟,人们开始尝试捕捉生物的运动——张望、跳跃、打斗。最终,人们开始寻求对表现对象精神世界的精准刻画。出于某种原因,人类内心产生了强烈的表达欲望,即创作出个性化的生命体——具有内在力量、生命活力及区别于其他个体特征的、鲜活可信的个体,这就是对生命幻想的实现。[①]

11.1　角色基础动作概述

在动画片中,角色默认指人物,虽然很多动画片是以动物为角色出演的,但这些动物角色往往是以拟人化的形式在动画片中出现的。因此,本章所要介绍的角色基础动作指的是人物的基础动作;而部分动物角色拟人化后,我们将其产生的基础动作也视为人物的基础动作。

什么是基础动作?准确地讲,就是走、跑、跳这些常用的动作。而在这些动作中,行走动作是重中之重,掌握了角色的行走动作,其他动作便能举一反三,毕竟这些基础动作的运动规律有很多相似的地方。

人走路的动作是复杂多变的,但基本规律是相似的。人走路的基本规律为:两脚交替向前,带动躯干朝前运动,为了保持身体平衡,双臂就需要前后摆动。双臂同双腿的运动方向正好相反,如右腿向前抬起时,右臂向后运动。人在走路时总要一腿支撑,另一腿才能抬起跨步。因此,当双脚着地时,头顶就略低,当一脚着地另一脚抬起时,头顶就略高。这样,在走路过程中,头顶的高低必然形成波浪形运动,如图11-1所示。

图 11-1

走路动作中间过程的变化,一般来说是比较平均的运动。但在特殊情况下,可能会有不同的变化,这样运动起来非常富有节奏感。[②]

除此之外,角色的情绪也会对走路动作产生不同的影响,例如,情绪低落时,走路的姿势是"垂头丧气"的,而且走得比较慢;得意忘形时,走路的姿势是"趾高气昂"的,而且走得比较快,这都需要在特定的场合下进行合理的调整。

---

①【美】弗兰克·托马斯,奥利·约翰斯顿.生命的幻象:迪斯尼动画造型设计.北京:中国青年出版社,2011.1.
②拾荒.动画艺术家:传统动画片与 Flash 实战.北京:北京希望电子出版社,2004.2.

11.2 示范实例——制作动画：小鸡行走

视频
教程

本例要制作一只卡通小鸡的侧面行走效果。打开配套资源中的"11-01-鸡的行走-素材.fla"，舞台中有一只绘制好的小鸡，各部位已经构成了群组，如图 11-2 所示。

（1）先进行素材的整理工作。整理的基本原则为：准备给哪个部位制作动作，就要单独将该部位设置为元件，并放在独立的图层中。动作一样的部位可以放在同一个元件中。

按照上述原则，先将整只小鸡设置为一个元件。选中小鸡的所有部位，按 F8 键，将整只小鸡设置为名称是"鸡"的图形元件。双击该元件进入其内部，再分别把身体、翅膀、尾巴、前腿和后腿分别设置为元件，选中这五个元件后并右击，在弹出的菜单中选择"分散到图层"命令，把这些元件分别放入不同的图层中，如图 11-3 所示。

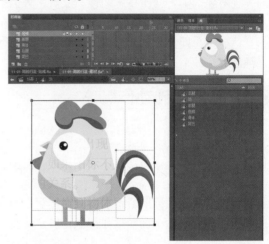

图 11-2　　　　　　　　　　　　　图 11-3

（2）接下来，分别设置各部位的中心点，即旋转轴的位置，该位置决定了物体旋转时的中心。设置的方法为先选中物体，选择任意变形工具，会看到物体中间有一个白色的小圆点，使用鼠标可以移动它的位置。小鸡身体的中心点设置在中间最下面的位置，翅膀的中心点设置在左上角，尾巴的中心点设置在左侧，两条腿的中心点设置在最上面，如图 11-4 所示。

图 11-4

（3）在设置动作时，有一个简单易懂的原则——Pose to Pose。简单来说，就是把一个动作分解成几个姿势，再分别把这几个姿势摆出来，然后让计算机直接生成两个姿势的转换中间帧，本例就采用 Pose to Pose 的方式来调整动作。在第 1 帧位置，调整小鸡各部位的位置并旋转角度，设置为起始姿势，如图 11-5 所示。

（4）制作循环动作，通常要先做一个循环。例如，制作走路动作，先行走两步，即左、右腿各迈一步，然后将这个动作循环进行，就可以形成连续的走路动作。

在第 20 帧位置设置关键帧，使第 1 帧和第 20 帧的动作画面是一样的，这样循环进行走路动作，使画面能够接上，如图 11-6 所示。

图 11-5

图 11-6

（5）在第 10 帧位置设置关键帧，将左腿和右腿互换位置，相当于迈出了另一只腿，其他部位保持不变，如图 11-7 所示。

（6）在第 5 帧位置设置关键帧，使左腿支撑身体，右腿向后提起，如图 11-8 所示。

图 11-7

图 11-8

（7）将五个图层的第 5 帧都选中，按住 Alt 键不放，将选中的五帧拖至第 15 帧，即可完成复制操作。在第 15 帧位置，将左腿和右腿互换位置，如图 11-9 所示。

（8）选中所有帧，在任意位置右击，在弹出的菜单中选择"创建传统补间"命令生成动画，按 Enter 键可以进行预览，可以看到小鸡开始原地走路了，如图 11-10 所示。

（9）回到舞台中，在第 100 帧位置按 F5 键，将动画效果延长到第 100 帧，再按 Enter 键播放动画，会看到小鸡走路的动画循环播放了五次，如图 11-11 所示。

图 11-9

图 11-10

图 11-11

本例的源文件可参考配套资源中的"11-01-鸡的行走-完成.fla"。

视频
教程

11.3 示范实例——制作动画：运动员打篮球

打开配套资源中的"11-02-打篮球的人-素材.fla"，舞台中绘有一位手持篮球的运动员，运动员的活动部位已被转换为元件，且各元件的中心点设置完毕，并已分好图层，如图 11-12 所示。

（1）在第 1 帧位置，绘制运动员的起始姿势，如图 11-13 所示。

（2）将第 1 帧的关键帧粘贴至第 30 帧位置，保证起始帧和结束帧一致，便于形成循环动作，如图 11-14 所示。

图 11-12

图 11-13

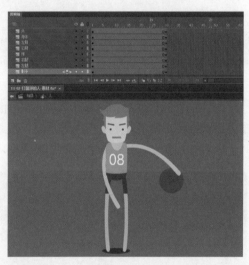

图 11-14

（3）分别在第 8、16、23 帧位置设置关键帧，并调整角色的动作，如图 11-15 所示。

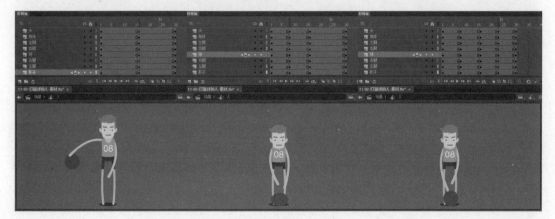

图 11-15

（4）选中所有的帧，并右击任意帧，在弹出的菜单中选择"创建传统补间"命令，生成动画，如图 11-16 所示。

（5）篮球落地前后，需要调整球体的形状，可以借鉴第 9 章中制作小球弹跳的相关方法，创作篮球弹跳的动画，如图 11-17 所示。

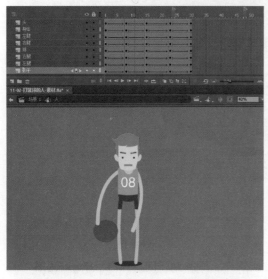 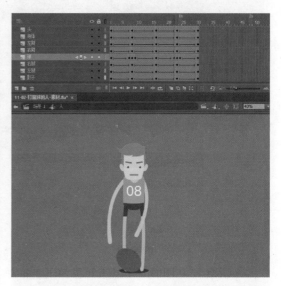

图 11-16   图 11-17

（6）用补间形状动画制作手臂弯曲的动画。双击进入"左臂"元件，在第 8、23、30 帧位置设置关键帧，调节第 1 帧的手臂形状，使其变成弯曲的效果，并为第 1~8 帧创建补间形状动画，再把第 1 帧粘贴至第 30 帧，同时，为第 23~30 帧创建补间形状动画，如图 11-18 所示。

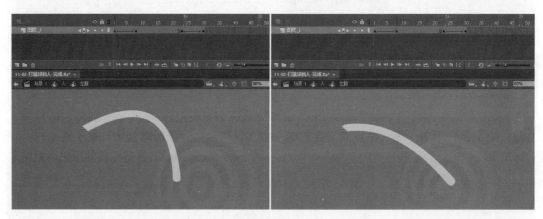

图 11-18

（7）回到角色，播放动画时可以发现，手臂随着拍球动作进行弯曲，如图 11-19 所示。

（8）双击进入"右臂"元件，在第 8、15、23、30 帧位置设置关键帧，然后在第 15 帧位置，将手臂调整为弯曲的形状，并创建补间形状动画，如图 11-20 所示。

（9）绘制腿部弯曲的动画，双击进入"腿"元件，因为腿部有两种颜色的色块，所以要把这两种颜色的色块分别放在图层中进行调整。

为腿部的两个图层的第 8、15、23、30 帧位置均设置关键帧，然后在第 8、23 帧位置，将腿部调整为弯曲的形状，并创建补间形状动画，如图 11-21 所示。

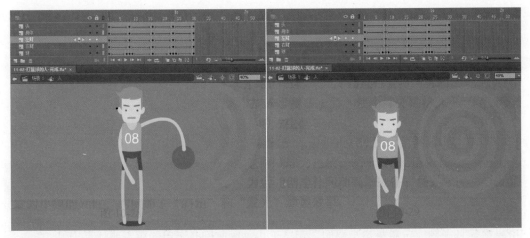

图 11-19

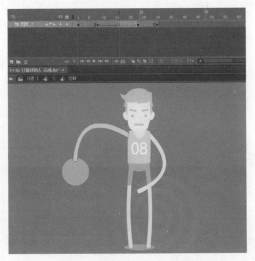

图 11-20

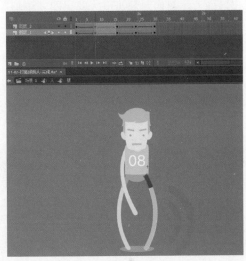

图 11-21

（10）回到舞台，将整个动画延伸到第 90 帧，因为元件里是时长为 30 帧的动画，所以在播放整个动画时，就能将运动员的拍球动作循环播放三次了，如图 11-22 所示。

图 11-22

本例介绍了元件套元件、动画套动画的制作方法。本例的源文件可参考"11-02-打篮球的人-完成.fla"。

11.4 示范实例——制作动画：Q版角色侧面行走

本节将通过实例[1]介绍制作角色走路动作的基本操作。

打开配套资源中的"11-03-Q版角色侧面走路-素材.fla"，舞台中绘有一幅场景，场景中有一位Q版小男孩角色，场景与角色分别放在不同的图层，如图11-23所示。

图 11-23

接下来，制作小男孩角色的走路动作，先将角色转换为元件并调整，以便绘制后续的动作，调整动作时，要本着"先整体、后局部、再细节"的原则实施。

11.4.1 整体调整

（1）进入小男孩角色元件内部，将每个图层中的图形单独转换为元件，即"头""身子""手1""手2""腿1""腿2"六个元件，如图11-24所示。

（2）将"头"元件的中心点设在脖子处，"手1"和"手2"元件的中心点设在上臂根部，以便后续调整动作，如图11-25所示。

（3）在第1帧位置，调整小男孩的姿势，摆出走路动作，右腿在前，左腿在后，左臂在前，右臂在后。注意，避免同侧的手臂和腿往同方向摆动，如图11-26所示。

（4）在第5帧位置，调整小男孩的姿势，使左臂和右腿收回来，并将小男孩的身体整体稍向下移动。需要注意，上述这些动作都是在原地调整，即小男孩虽然做出向前走的动作，但是他就像原地踏步一样，如图11-27所示。

---

① 本例的动画效果由原郑州轻工业学院动画系05级同学漫晓飞制作完成。

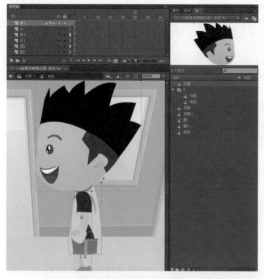

图 11-24　　　　　　　　　　　　　　　　　图 11-25

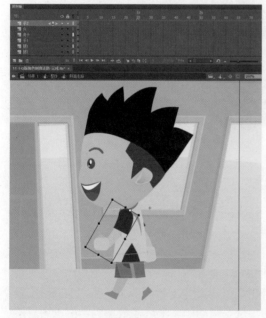

图 11-26　　　　　　　　　　　　　　　　　图 11-27

（5）在第 1~5 帧，添加传统补间动画，可以看到，小男孩已经完成了原地走一步的动作，如图 11-28 所示。

（6）在第 10 帧位置，调整小男孩的走路动作，和第 1 帧的手臂、腿部顺序完全相反，即左腿在前，右腿在后，右臂在前，左臂在后，并在第 5 帧和第 10 帧位置添加传统补间动画。

由于走路动作是循环的，即第 1 帧和末帧的小男孩姿势应完全相同，这样才能使动作连贯进行，所以在末帧位置，需要绘制与第 1 帧一样的动作，操作步骤如下。

在第 5 帧位置选中所有图层的关键帧，按住 Alt 键不放，将选中的关键帧拖至第 15 帧，这样把第 5 帧位置的所有关键帧复制到了第 15 帧，即这两帧的小男孩姿势是一样的。

同理，把第 1 帧位置的所有关键帧复制到第 20 帧位置，并添加传统补间动画，这样就完成了走路动作的循环播放，如图 11-29 所示。

图 11-28

图 11-29

（7）回到上一层元件中，将小男孩走路动作的时长设置为 5 秒，即 125 帧。小男孩位置不动，只做原地踏步。为场景添加由左向右移动的传统补间动画。最后播放动画，由于场景连续移动，所以小男孩即使原地踏步，在画面中呈现的效果也如同向前走似的，如图 11-30 所示。

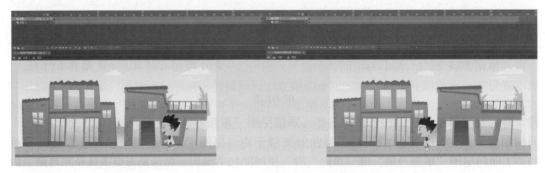

图 11-30

11.4.2　四肢动作调整

在教学过程中笔者会发现，很多学生对角色进行了整体动作调整后就直接使用了，完全忽视了细节部分的制作，一些学生会认为细节部分既困难又费事，还需掌握很多运动规律。殊不知，细节是决定一部作品优秀与否的重要依据。同样，能否注重细节也考验着动画师的层次水平，优秀的动画师能够将绝大多数细节准确、快速、精妙地绘制出来，使角色的动作更加丰富。

对小男孩角色进行了整体动作调整后，下面开始对细节部分进行调整，先来看四肢部分。

（1）进入绘有小男孩手臂的元件内部，将袖子、手臂、手这三部分转换为元件，并分别放在不同的图层中，如图 11-31 所示。

（2）在第 1 帧位置，由于小男孩的手臂向前摆，手臂自然会触碰袖子的前部袖口，同时，手会向上倾斜扬起，如图 11-32 所示。

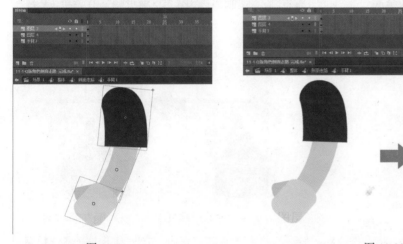

图 11-31　　　　　　　　　　　　　　　　图 11-32

（3）在第 5 帧位置设置关键帧，将手臂调整为自然下垂的姿势，手臂在袖子的正中间。在第 10 帧位置设置关键帧，并将小男孩的手臂向后摆，手臂会触碰袖子的后部袖口，手也向后甩，如图 11-33 所示。

（4）按住 Alt 键不放，将第 5 帧位置的关键帧拖至第 15 帧，再将第 1 帧位置的关键帧拖至第 20 帧，使手臂摆动形成一个循环动作，如图 11-34 所示。

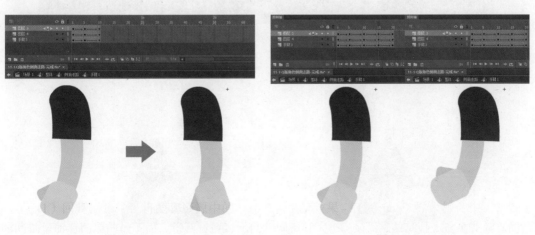

图 11-33　　　　　　　　　　　　　　　　图 11-34

（5）接下来调节腿部。由于小男孩是 Q 版形象，所以腿部各关节不用细致刻画，因此，这里主要调整短裤部分的形变。将"身体"和"短裤"设置为元件，分别放在不同的图层中，因为短裤需要制作两条裤腿，所以再新建"短裤 2"元件，如图 11-35 所示。

（6）在第 1 帧位置，由于左腿在后，右腿在前，所以左裤腿应向后倾斜。但需要注意，此处不能将其旋转，而是使用任意变形工具，选中左裤腿，将鼠标指针放在元件的上方或下方，直到鼠标指针变为左右两个箭头的形状，然后按住鼠标左键左右拖曳，这就是斜切操作。

将左裤腿向后斜切，右裤腿向前斜切，如图 11-36 所示。

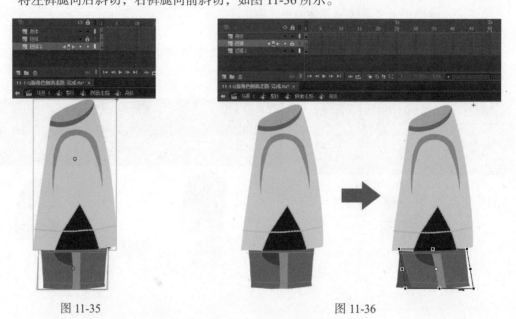

图 11-35   图 11-36

（7）在第 10 帧位置，将右裤腿向后斜切，将左裤腿向前斜切，方向与第 1 帧完全相反。

按住 Alt 键不放，将两个裤腿的第 1 帧位置的关键帧拖至第 20 帧，使裤腿摆动形成循环动作，并为上述关键帧添加补间动画，如图 11-37 所示。

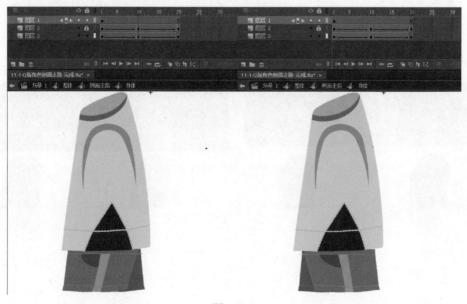

图 11-37

11.4.3 头部动作调整

本节开始对小男孩角色的头部动作进行调整。

（1）进入绘有头部的元件，将左眉毛、左眼睛、嘴巴、左耳朵这四部分选中，剪切并粘贴至新图层中，将右眼睛、右眉毛也复制出来，将这些器官整体转换为新元件"五官"，如图 11-38 所示。

（2）将头发部分选中，剪切并粘贴至新建的"头发"图层，在前额和后脑勺添加一些头发，并转换为元件。将鬓角部分也剪切并粘贴至"头发"图层，并转换为元件，如图 11-39 所示。

图 11-38   图 11-39

（3）为"头发"图层创建遮罩层，并在遮罩层中绘制色块作为遮罩，如图 11-40 所示。

（4）解锁"头发"图层，选中"头发"元件，在第 10 帧位置设置关键帧，将头发整体后移。然后，按住 Alt 键不放，将"头发"图层第 1 帧位置的关键帧拖至第 20 帧，并为这三个关键帧创建传统补间动画，使头发的位移形成循环动作，如图 11-41 所示。

图 11-40   图 11-41

恢复"头发"图层的锁定状态，使其上面的遮罩层效果显示出来。播放动画时可以看到，头发可以进行前后摆动。

（5）接下来，制作五官（此处的五官包括小男孩角色的眼睛、眉毛、嘴巴、耳朵）左右摆动的动画效果。创建新图层"五官"，为该图层创建遮罩层，并在遮罩层中绘制头部的轮廓线，填充后作为遮罩，如图 11-42 所示。

（6）解锁"五官"图层，并隐藏遮罩层，选中"五官"元件，在第 10 帧位置添加关键帧，将"五官"元件整体右移。然后，将"五官"图层的第 1 帧位置的关键帧复制到第 20 帧，并创建传统补间动画，使其构成循环，如图 11-43 所示。

（7）复制"五官"图层的遮罩层，并把所复制的遮罩层指定给"鬓角"图层。进入"鬓角"图层，并在第 5、10 帧位置添加关键帧，使鬓角与耳朵的位移保持一致，如图 11-44 所示。

至此，小男孩角色的走路动作制作完成，效果如图 11-45 所示。

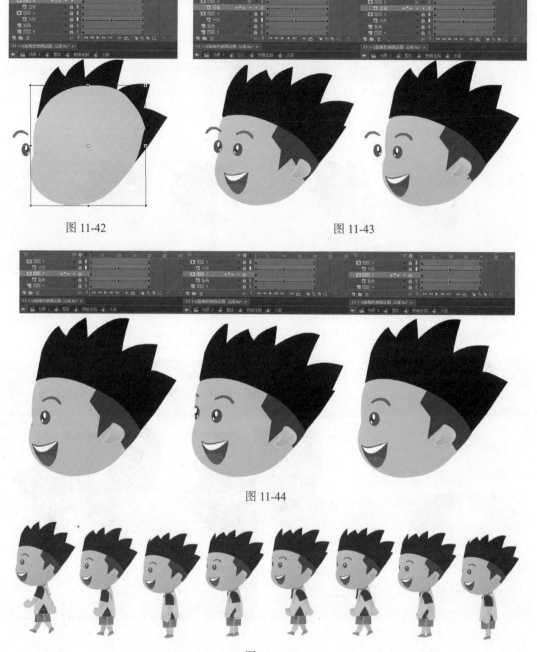

图 11-42　　　　　　　　　　　　　　　　图 11-43

图 11-44

图 11-45

本例的源文件可参考配套资源中的"11-03-Q 版角色侧面走路 - 完成 .fla"。

11.5　综合示范实例——制作动画：搬箱子

视频
教程

　　上一节介绍的动作调整方法，实际上是将一个动作转换为元件，然后进行循环播放。这种方法适合比较单一的动作，如果遇到较复杂的动作，该方法就很难起作用了。本节将介绍复合动作的调整方法。

　　先引入一道某动画公司的入职测试题，内容如下。

- 测试题目：绘制一个角色，使其走到一个重箱子前，搬起箱子上坡，最后放下箱子。
- 制作时间：一天。
- 制作要求：动画制作流畅，且富含角色表演性，不能太生硬。

本节将对这道题进行分析和演示。但要注意，题目要求的时间有限制，故根据实际情况取舍，抓住重点和部分关键细节，使用补间动画的方式进行创作和调整。

打开配套资源中的"11-04- 搬箱子 - 素材 .fla"，舞台中有一幅简单的场景，包含一个角色、一个箱子，场景、角色、箱子已被分图层放置，如图 11-46 所示。

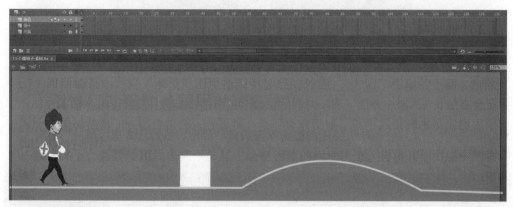

图 11-46

11.5.1　向前行走动作调整

（1）先进入角色的群组中，将角色的头部、脖子、身体、两条上臂、两条小臂、两只手、腰部、两条大腿、两条小腿、两只脚分别转换为元件，并重新命名，如图 11-47 所示。

（2）现在，将每个元件分别放在单独的图层中，但如果逐个选中元件再剪切、粘贴到新图层里，显得过于烦琐，因为元件的数量比较多。这里介绍一个快捷命令来完成操作。选中所有元件并右击，在弹出的菜单中选择"分散到图层"命令，可以看到每个元件都被分散到单独的新图层中，并以元件名命名，如图 11-48 所示。

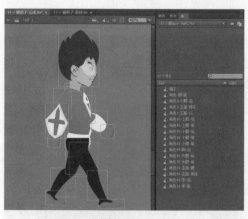

图 11-47　　　　　　　　　　　　　　　　图 11-48

（3）在调整动作之前，需要对各元件的中心点位置进行调整。头部和身体的中心点位置设在各自元件的下方；上臂、小臂和手的中心点位置设在各自元件的上方，即关节根部；大腿、小腿和脚的中心点位置设在各自元件的上方，即关节根部。这样设置后，便于后期调整元件的旋转动作，如图 11-49 所示。

图 11-49

（4）在第 1 帧位置，调节身体的各部位，摆出走路的起始姿势，使右腿向前先迈一步，如图 11-50 所示。

（5）现在设置的是每秒迈两步，构成一个循环。因为每秒包含 24 帧，所以在第 6 帧位置，为角色的所有图层都设置关键帧，将角色整体向前移动一步（对角色而言，角色的前方即画面的右侧，下同）；再将角色调整为右脚支撑、左脚准备向前迈的姿势；然后为这两个关键帧创建传统补间动画，如图 11-51 所示。

图 11-50

图 11-51

（6）在第 3 帧位置，选中右脚并创建关键帧，使用任意变形工具将脚旋转至水平，使脚掌稳稳地接触地面，如图 11-52 所示。

（7）在第 12 帧位置，为角色的所有图层都设置关键帧，将角色调整为左脚向前迈、右脚支撑的姿势，并创建传统补间动画，如图 11-53 所示。

图 11-52

图 11-53

（8）在第 10 帧位置，选中左脚并创建关键帧，其余操作同步骤（6），如图 11-54 所示。

（9）在第 18 帧位置，为角色的所有图层设置关键帧，将角色整体向前移动一步，再将角色调整为左脚支撑、右脚准备向前迈的姿势，然后创建传统补间动画，如图 11-55 所示。

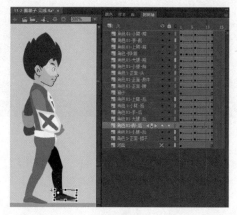

图 11-54　　　　　　　　　　　　　　　　　图 11-55

（10）按住 Alt 键不放，将角色的第 1 帧位置的关键帧拖至第 24 帧，然后在第 24 帧位置选中角色的所有元件，将它们向前移动，与第 18 帧中角色的位置构成一步距离。这样，一个行走循环动作就包含了向前走两步，如图 11-56 所示。

（11）按照上述方法，再让角色向前走 3 步，使其走到箱子面前。至此，向前行走动作就完成了，角色的运动轨迹如图 11-57 所示。

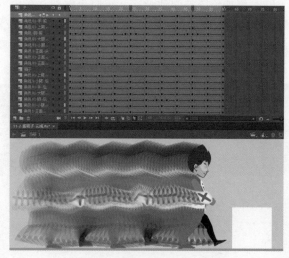

图 11-56　　　　　　　　　　　　　　　　　图 11-57

11.5.2　搬箱子动作调整

角色走到箱子前，需要将箱子搬起，此处就涉及角色蹲下、抱住箱子、搬起箱子三个动作。另外，题目还特意说明这是一个"重"箱子，因此，要在角色的动作过程中体现这个箱子很"重"，这一点需要读者在动作设计方面下功夫。

（1）在第 63 帧位置，使角色站在箱子前，需要注意，如果双脚并在一起，姿势看起来比较呆板，因此，这里建议采用两脚一前一后的站姿，这也为后面的蹲下动作做准备。另外，调整角色的头部角度，使其向下俯视箱子，如图 11-58 所示。

（2）在第66帧位置，使角色向下弯腰，这一步可以先选中角色上半身的所有部位，统一旋转，然后再逐个调节元件的位置，如图11-59所示。

图 11-58　　　　　　　　　　　　　　　　　图 11-59

（3）在第70帧位置，使角色蹲在箱子前，并用双手抱住箱子的两侧。在这个姿势中，角色的左侧手臂是被箱子挡住的，在画面中看不到。制作动画时有一个原则：看不到的部分不用管，因为这部分被遮挡，即使调整后观众也看不到，徒增无用功。所以左侧手臂不用进行任何调整，只要在画面中不穿帮就行，如图11-60所示。

（4）添加传统补间动画后，我们会发现，在角色蹲下的过程中，右侧的大腿和小腿出现了错位，这就需要再进一步调整，由于大腿部分的位置关系没有问题，所以只针对小腿部分进行调整就可以了。在小腿图层中，分别为第68、69帧位置设置关键帧，并调整小腿部分的位置，使大腿和小腿不再错位，如图11-61所示。

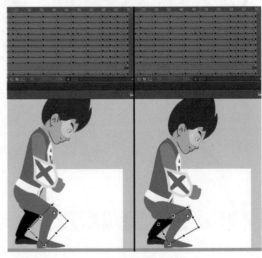

图 11-60　　　　　　　　　　　　　　　　　图 11-61

（5）让角色抱着箱子站起来。因为箱子沉重，故角色抱箱子应显得很吃力，且站起来的过程比较缓慢，所以，这个动作要在第81帧位置调整，如图11-62所示。

添加传统补间动画后，发现角色右侧的大腿和小腿再次出现了错位，如图11-63所示。

图 11-62

图 11-63

（6）继续对小腿进行调整。在"小腿"图层中，分别给错位的帧添加关键帧，并调节小腿的位置和角度。但在某些位置，无论怎样调整，错位现象还是会出现，所以，需要对小腿创建补间形状动画。总之，要牢记一条原则：无论在哪一帧，都要保持大腿和小腿的位置关系始终正确，如图 11-64 所示。

图 11-64

（7）分别在第 88、96、106 帧位置，对角色的姿势进行调整。由于角色当前抱着箱子的两边，这样的姿势比较费力，所以考虑设计一个动作，让角色先把箱子往上扔，然后等箱子落下时接住箱子的底部，即采用托着箱子姿势，会比较省力。此外，角色的身体重心也应该向后倾，然后再抱着箱子向前走，如图 11-65 所示。

图 11-65

11.5.3 搬箱子上下坡动作调整

（1）由于角色搬着很重的箱子，因此走路的速度也很慢，故将走一步的时间设置为20帧。分别在第125、135、145帧位置，对角色的姿势进行调整，让角色抱着箱子吃力地向前走，如图11-66所示。

图 11-66

（2）接下来，角色要搬着箱子上坡。分别在第165、175、185帧位置，对角色的姿势进行调整，让角色抱着箱子吃力地上坡。需要注意，由于上斜坡，角色会适当后仰，重心会随之后移，这样才能保持平衡，而脚也要根据坡度进行适当旋转，从而使脚掌贴合坡面，如图11-67所示。

图 11-67

（3）角色抱着箱子继续上坡，如图11-68所示；在第235帧位置，角色登上坡顶（即最高点），此后，角色准备下坡动作，因此，这一帧要将角色的重心调回如图11-69所示的状态，并适当调整角色的步幅。

（4）在第245帧位置，角色开始下坡，因为这是下坡的第一步，步幅暂时还没有变化，但是，角色的重心已经有所前倾，如图11-70所示。

图 11-68

图 11-69

图 11-70

（5）角色抱着箱子开始下坡。由于角色的重心前倾，其行走速度也加快了，故将走一步的时间设置为 7 帧，调节动作时要注意角色的重心向前，并且脚掌贴合地面，如图 11-71 所示。

图 11-71

（6）由于箱子很重，角色应该努力保持平衡，因此走路时会有些摇晃，甚至急促地改变重心，这些细节都需要体现出来，如图 11-72 所示。

图 11-72

（7）下坡后，参照前面搬箱子的动作，让角色把箱子放在地面，如图 11-73 所示。

图 11-73

至此，全部动作调整完成，最终效果如图 11-74 所示。本例的源文件可参考配套资源中的"11-04- 搬箱子 - 完成 .fla"。

图 11-74

11.6　示范实例——制作动画：流畅角色转面

视频
教程

转面，顾名思义，就是从一个面转到另一个面的动作。例如，从正面转到侧面，这个动作涉及角色多个部位的透视关系变化，因此对动画设计师的造型能力要求很高，制作难度较大。

打开配套资源中的"11-05- 转头 - 素材 .fla"，舞台中有一个卡通角色头部元件，双击进入该元件内部，会看到该角色头部划分了很多图层，每个图层有一个单独的元件，如图 11-75 所示。

图 11-75

本例要制作的动画为：使角色的头部向其右侧转动，然后再转回来，整个动画的时长为 50 帧，约 2 秒。

通常，在制作这类动画时采用逐帧的制作方式，但本节将介绍一种新方式，即完全使用补间动画，这样可以使每帧都有变化，动作非常流畅。本例的制作步骤如下。

（1）角色的头部共分为五个图层，分别为"下脸亮面""上脸亮面""下脸暗面""上脸暗面""上脸轮廓"。在这五个图层的第 25 帧位置均设置关键帧，先调节头部的上、下两部分的形状。

在第 25 帧位置，使用任意变形工具，将头部的上半部分向右适当斜切，再使用部分选取工具，调整头部下半部分的调节点位置，使第 25 帧位置的头部变为侧脸形状，如图 11-76 所示。

（2）在第 25 帧位置，分别调整头部上半部分的"暗部"、下半部分的"暗部"和轮廓线的形状，进一步绘制角色的侧脸，如图 11-77 所示。

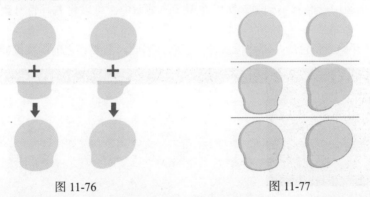

图 11-76   图 11-77

（3）为第 1~25 帧之间添加补间形状动画，使其产生形变动画，这样得到的转面效果就极其流畅，如图 11-78 所示。

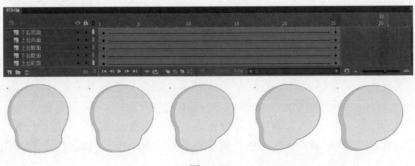

图 11-78

（4）新建"参考线"图层，绘制用于引导角色五官旋转的轨迹，然后将该图层转换为"引导层"，如图11-79所示。

（5）在第9帧位置，为两只耳朵和耳膜的相关图层添加关键帧，使其沿着"引导层"中的参考线进行移动，并添加传统补间动画，如图11-80所示。

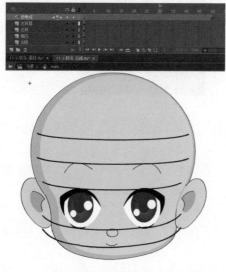

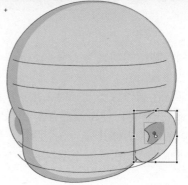

图 11-79   图 11-80

（6）分别在第15、18、25帧位置，为两只耳朵和耳膜的相关图层添加关键帧，并根据参考线调整耳朵和耳膜的位置，实现转面的动画效果。注意从第18帧后，因为角色向其右侧转头，右耳在画面中已经看不到了，所以在后续的画面中，可以将右耳暂时删除。如图11-81所示。

从第35帧开始，角色的头部将再次转回正面，因此，需要将之前的关键帧按倒序复制。

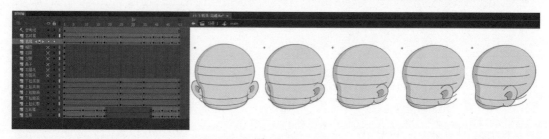

图 11-81

（7）制作眼睛的转面动作，将"右眼"图层中"眼睛"元件的中心点位置调整到鼻子处，然后在第9帧位置添加关键帧，根据参考线调整眼睛的位置，并横向缩放一些，如图11-82所示。

（8）在第18帧位置，将"右眼"图层中的"眼睛"元件压缩到最小状态，如图11-83所示。

（9）分别在第15、18、25帧位置，为两只眼睛的相关图层添加关键帧，并根据参考线调整其位置，实现转面的动画效果。注意从第18帧后，因为角色向其右侧转头，右眼在画面中已经看不到了，可以将其暂时删除，如图11-84所示。

从第35帧开始，角色的头部将再次转回正面，将之前涉及眼睛的关键帧按倒序复制。

（10）按照制作眼睛转面动作的方法，制作眉毛的转面动作，动画效果如图11-85所示。

（11）制作鼻子和嘴的转面动画效果，如图11-86所示。

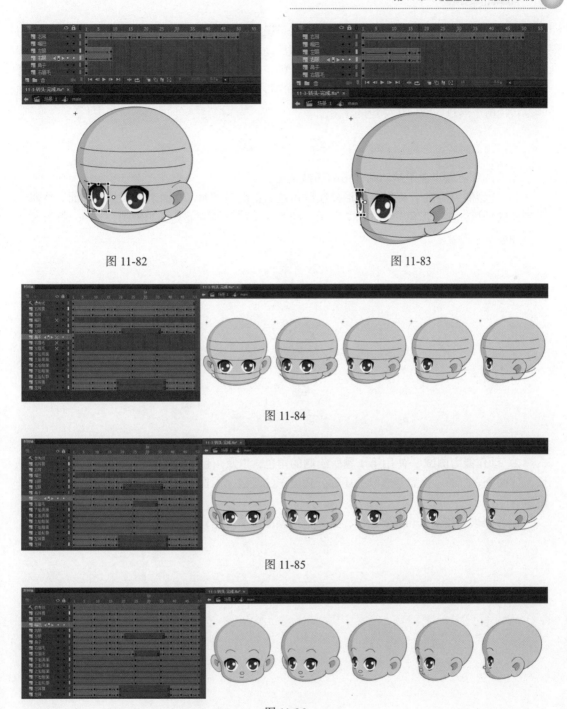

图 11-82　　　　　　　　　　　　　图 11-83

图 11-84

图 11-85

图 11-86

本例的源文件可参考配套资源中的"11-05-转头-完成.fla"。

本 章 小 结

本章主要介绍使用补间动画的方式对角色基础动作——走的动作进行制作与调整。希望读者能熟练掌握制作并调整"走"的动作，以便对后续其他基础动作（如跑、跳等）深入学习。

从本章起，学习的主要内容已经不局限于绘画制作技术了，还包括其他能力和知识点。

例如，如果想把动画效果做得更加真实、自然、流畅，就必须额外学习动画运动规律的相关内容，并且根据剧情和角色设置，将角色的心理活动在动作中表现出来，有必要时，需要进行夸张处理。所以，若想成为一名优秀的动画设计师，就需要不断学习，独立思考，这里建议读者多品味一些优秀的动画片，对其中的角色动作进行分析并临摹，在此基础上提高自己的水平和能力，逐渐形成自己的创作风格。

练 习 题

本章的练习题来源于某动画公司的测试真题。

1. 造型能力测试：根据参考形象绘制角色的正面、侧面、背面、正四分之三面、背四分之三面的线稿，参考形象如图 11-87 所示。相关源文件可参考配套资源中的"11-06- 练习题参考图 .jpg"。

图 11-87

2. 动作能力测试：使用第 1 题所绘制的角色，以及角色正面、侧面、背面、正四分之三面、背四分之三面（视需要选取上述部分角度）的线稿，制作一段角色踢球射门的动画，场景随意。

制作要求：使用 Animate 制作，且角色造型准确、动作自然、动画流畅，帧频为 25fps。

第12章

游戏角色动作的制作实例

现如今，游戏产业在整体娱乐产业中所占的比重越来越大，随着新一代游戏平台（Wii、X-box、iPhone 等）的持续开发，以及国家相关政策的引导与支持，国内的游戏产业已经进入了蓬勃发展期，形成了完善、健康的产业链。

12.1 电子游戏概述

电子游戏起源于 1947 年，由 Thomas T. Goldsmith Jr. 和 Estle Ray Mann 发明了一款名为《阴极射线管娱乐装置》的游戏，这款电子游戏可以让用户操纵导弹向目标发射，并使用特殊的设备控制导弹的发射轨迹与飞行速度。

1971 年，由麻省理工学院的学生 Nolan Bushnell 设计了一款名为《电脑空间》（Computer Space）的投币式街机版本游戏，后来投入商业运营。《电脑空间》的主题是两个玩家各自控制一艘围绕着具有强大引力的星球的太空战舰，并向对方战舰发射导弹攻击。两艘战舰在战斗的同时还需要注意克服星球的引力，无论是被对方的导弹击中还是没有成功摆脱引力，太空战舰都会坠毁。由于各种原因，游戏的销售情况并不理想，但这种投币式街机模式却得以树立。

目前，游戏的主要平台可以分为四种：家用主机、掌上主机、街机、个人计算机。本章主要针对家用主机和掌上主机进行介绍。

12.1.1 电子游戏平台

对于大多数中国人来说，游戏真正走入千家万户，实际上是从一台名为"红白机"的游戏机开始的。这款"红白机"是由日本的任天堂（Nintendo）公司于 1983 年 7 月推出的。这款游戏机的真名为 FC 游戏机，该游戏机首次尝试卡带式的电视游戏平台，使用时需要将这台游戏机连接到电视机上，并借助手柄操控游戏，如图 12-1 所示。

这款游戏机销售非常火爆，在面世阶段，曾创造了两个月销售超过 50 万部的佳绩。

其实，与其说这款游戏机成功，还不如说这款游戏机所搭载的游戏成功。由于 FC 游戏机销量可观，大量的游戏公司开始开发相关的游戏，优秀大作层出不穷，诸如《超级玛丽》《魂斗罗》《双截龙》《快打旋风》《沙罗曼蛇》《赤色要塞》《马戏团》《小猪打狼》《吃豆子》《热血足球》等，这些游戏辉煌一时，如图 12-2 所示。

1989 年，任天堂公司推出第一款掌上游戏机（亦称为便携式游戏机）Game Boy，这是当时最好的掌上游戏机之一，它的配置现在看来很低：四色黑白屏幕，8 位处理器，游戏卡的最大容量也不过 32MB。尽管如此，它却风靡一时，成为当时最热销的游戏机，如图 12-3 所示。

2004 年，任天堂公司又推出新一代的掌上游戏机 NDS（Nintendo Dual Screen），和一般的掌上游戏机有一处最大的区别：NDS 有两个屏幕，并且下屏为触摸屏，如图 12-4 所示。

到 2007 年 11 月底，任天堂公司生产的 NDS 掌上游戏机全球销售量约 6500 万台，其中在日本销售约 2150 万台，在美国销售约 2050 万台，在欧洲及其他地区销售约 2300 万台。截至 2011 年 11 月 5 日，该款掌上游戏机在全球范围内累计销售近 1.5 亿台，达到 149 329 854 台，创造了游戏机销售史上的奇迹。

图 12-1

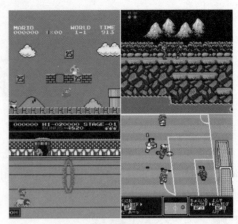

图 12-2

图 12-3

图 12-4

除任天堂公司以外，其他公司也不遗余力地开发相关的游戏平台。例如，日本 SONY 公司开发的多功能掌上游戏平台系列——PSP。PSP 是 PlayStation Portable 的简称，具有游戏、音乐、视频等多项功能。2004 年，SONY 公司发布 PSP1000，PSP1000 被 SONY 公司定位为"21 世纪的 WALKMAN"的重量级产品。

提醒： 扫描下方的二维码，了解 PSP1000 的相关功能特点。

SONY 公司于 2007 年推出改良版 PSP2000，于 2008 年推出 PSP3000。2009 年，SONY 公司将 PSP 改为滑盖形式，并重命名为 PSP GO 销售，但市场反响冷淡。2012 年，SONY 公司推出双摇杆的 PSVITA，希望在掌上游戏机的市场中重新夺回一席之地。几款机型如图 12-5 所示。

PSP　　**PSP GO**　　**PSVITA**

PSP1000特点

图 12-5

除掌上游戏机以外，家庭游戏平台亦是各厂家重点关注的领域。目前，SONY 公司的 PlayStation 3、微软公司的 Xbox、任天堂公司的 Wii 处于三足鼎立的态势，如图 12-6 所示从左至右依次为 Wii、Xbox 360、PlayStation 3。

图 12-6

　　2007 年，美国苹果公司推出新一代手机——iPhone，从那开始，苹果公司便引领了新一代游戏平台的开发。2010 年，苹果公司推出 iPad，iPad 的问世令触屏掌上游戏平台达到了新的高度，如图 12-7 所示从左至右分别为 iPhone 与 iPad。

图 12-7

　　苹果公司所开发的软件和游戏都通过 App Store 发售，如图 12-8 所示，玩家可以网上付费后将游戏下载到 iPhone 或 iPad 中。这样，可以最大程度地避免盗版软件给游戏开发者带来的经济损失，使他们的利益得到充分保障。

　　因此，越来越多的游戏开发团队为 iOS 平台开发游戏，与此同时，触屏的普及也使游戏操控发生了革命性的改变。近年来，大量品质优良的游戏不断涌现，很多优秀的小游戏获得巨大的收益，这种局面也使得传统游戏开发商开始重视 iOS 平台，包括 EA 公司在内的大部分游戏开发商，都将自己在其他平台上取得成功的游戏大作移植到 iOS 平台中，如图 12-9 所示。

图 12-8

图 12-9

 12.1.2　电子游戏的类型

　　目前市场上的电子游戏种类很多，可以适应不同玩家的喜好，下面简要介绍。

1. 角色扮演游戏（RPG，Role Playing Game）

在角色扮演游戏中，玩家可以扮演一个或多个角色，根据故事情节进行游戏。角色根据不同的游戏情节和统计数据（如力量、灵敏度、智力、魔法等）具有不同的能力，而这些属性会根据游戏规则在游戏情节中相应改变，代表作有《仙剑奇侠传》系列，如图12-10所示。

2. 冒险游戏（AVG，Adventure Game）

冒险游戏主要围绕探索未知故事情节、解决谜题等互动操作。冒险游戏是电子游戏中的大类，其情节性、探索性很强，主要强调故事线索的发掘，考验玩家的观察力和分析能力。该类游戏有时很像角色扮演游戏，但也有所不同，冒险游戏的特色是故事情节往往以完成一个任务或解开某些谜题的形式出现的，而且在游戏过程中刻意强调谜题的重要性，代表作有《古墓丽影》系列，如图12-11所示。

图 12-10　　　　　　　　　　　　　　　图 12-11

3. 动作游戏（ACT，Action Game）

动作游戏的剧情一般比较简单，玩家需要熟悉操作技巧，即可进行游戏。这类游戏刺激性较强，且情节紧张，声光效果丰富，操作简单，代表作有《三国无双》系列，如图12-12所示。

4. 第一人称射击游戏（FPS，First Person Shooting）

第一人称射击游戏以玩家的主观视角进行对抗射击。玩家不再像别的游戏那样操纵屏幕中的虚拟人物，而是身临其境地体验游戏带来的视觉冲击，这就大大增强了游戏的主动性和真实感，代表作有《CS》系列，如图12-13所示。

图 12-12　　　　　　　　　　　　　　　图 12-13

5. 格斗游戏（FTG，Fighting Game）

在格斗游戏中，由玩家操纵各种角色与电脑或其他玩家控制的角色进行一对一决斗，主要考验玩家的迅速判断能力和微操作技巧，代表作有《拳皇》系列，如图12-14所示。

6. 即时战略游戏（RTS，Real-Time Strategy）

即时战略游戏会给玩家提供大量的道具、建筑、角色、敌人来控制，玩家需要井然有序地组织生产、防御、进攻等步骤，代表作有《星际争霸》系列，如图12-15所示。

图 12-14   图 12-15

7. 体育游戏（SPG，Sports Game）

体育游戏是一种让玩家可以参与专业的体育运动项目的电视游戏或计算机游戏，该类游戏的内容大多基于真实的体育赛事，如世界杯、NBA、斯诺克等，代表作有《实况足球》系列，如图 12-16 所示。

8. 竞速游戏（RCG，Race Game）

竞速游戏指的是在计算机中模拟各类竞速运动的游戏，通常在比赛场景下进行，如赛车、赛艇，赛马等，代表作有《极品飞车》系列，如图 12-17 所示。

图 12-16   图 12-17

其他的还有桌面游戏、音乐游戏、益智类游戏、养成类游戏、消除类游戏等，本书不再逐一列举。

12.1.3　游戏角色与动作

绝大多数游戏中都是有角色的。角色的造型一般也可以分为写实、Q 版、超现实三种。游戏的角色动作，要根据原画进行制作。

通常情况下，先由策划人员用文字描述一个角色，再由设置人员绘制角色的原画，最后，动作设计师才能对角色动作进行调整。

游戏的角色动作一般都有比较固定的模式，常用的基础动作有以下几项。

- 待机：角色站立在原地。
- 行走：角色向各方向行走。
- 跑：角色向各方向奔跑。
- 跳：角色向各方向跳跃，依据角色需要，可分为双足跳和单足跳两种。
- 攻击：角色向敌人进行攻击，一般有多种攻击方式，甚至多种攻击方式连起来形成连击。
- 防御：角色进行防御。

- 受伤：角色受到伤害的反应动作。
- 死亡：角色死亡并躺下。
- 其他：根据游戏需要，增加的一些特殊的动作。

游戏动作之所以和动画动作有区别，是因为游戏动作有诸多的限制，毕竟，游戏要运行在游戏平台上，平台的硬件好坏决定了角色动作的细致程度、图片格式、大小等。

因此，一般情况下，动作设计师拿到动作要求时，都需要了解制作要求，比如输入的序列图是否为 PNG 透明背景格式，完成每个动作所要求的帧数，图片输出大小限制等。

除此之外，游戏中的角色造型是多种多样的，动作设计师必须充分考虑不同角色的个性，并构思动作，以便将角色的个性表现出来。

华特·迪士尼曾经说过："如果一个角色没有个性，那么不管他做什么有趣的动作，都不会被人们所记住，更不会给观众带来真实感。"

12.2 示范实例——制作矮人角色的待机状态

视频
教程

 12.2.1 psd 文件的导入和转换

本节讲述的部分制作过程源自真实案例，该案例是一款运行在 iPhone 上的角色扮演游戏，角色造型属于 Q 版。本节将使用其中的矮人角色进行动作调整，如图 12-18 所示。

图 12-18

由于本例源于商业案例，因此无法提供角色设置的原始 psd 文件，读者可以打开配套资源中的"12-1-矮人动作-素材.fla"，该文件是将矮人角色设置的 psd 文件导入 Animate 软件后的效果，相关图层都被保存在"库"面板中，但还没有被转换为元件，如图 12-19 所示。

将矮人角色分为"左脚""右脚""左臂""右臂""头部""身体""头发"七个图层，并放在舞台中，将各部分转换为图形元件。因为矮人角色的某些部位有杂点，可以执行菜单命令"修改"→"位图"→"转换位图为矢量图"，将其转换为色块，然后选中多余的杂点色块并删除，如图 12-20 所示。

需要注意，矮人角色的七个图层均是单独的元件。而其中的"左脚""右脚""左臂""右臂""头部"五个大元件都是由多个小元件组成的。

"左臂"元件由"盾牌""左肩甲""左手前臂""左手上臂"四部分组成，如图 12-21 所示；"右臂"元件由"锤子""右肩甲""右手前臂""右手上臂"四部分组成，如图 12-22 所示。

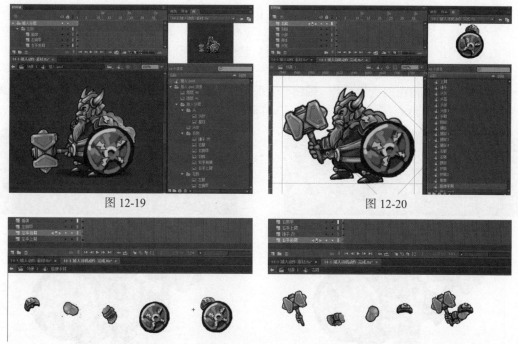

图 12-19　　　　　　　　　　　　　　　图 12-20

图 12-21　　　　　　　　　　　　　　　图 12-22

"左脚"元件由"左大腿"和"左小腿"组成；"右脚"元件由"右大腿"和"右小腿"组成；"头部"元件由"头部 2"和"头盔"组成。

12.2.2　制作矮人角色的待机状态

待机状态就是角色站在原地，但站在原地并不代表角色不做动作，角色呼吸等简单的动作都属于待机状态的范畴。

在本例中，矮人角色的待机状态包括呼吸引起的身体动作。该动作要求使用 6 帧完成，不能多也不能少，并且形成循环，能够持续不断地播放。

（1）在调整动作前，先要选中每个图层中的元件，将它们各自的中心点移至关节处，并进行旋转测试，如图 12-23 所示。

（2）由于要做成循环动作，故第 1 帧要与末帧完全一致。因此，选中所有图层，在时间轴的第 6 帧位置设置关键帧，保证第 1 帧和第 6 帧完全一致，如图 12-24 所示。

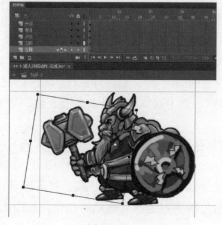

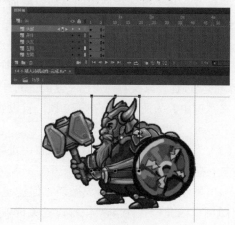

图 12-23　　　　　　　　　　　　　　　图 12-24

（3）现在要为角色制作一个呼吸的动作。在实际生活中，当人吸气时，身体会微微绷直；当人呼气时，身体会放松。因此，角色呼吸时，需要调整身体动作，使其有升降变化。

在第4帧位置为所有图层设置关键帧，然后选中除双腿以外的其他五个元件并向上移动，做出吸气时身体向上提升的动作，并添加传统补间动画，如图12-25所示。

（4）如果仅让角色的身体提升，则细节表现不够，故继续在第4帧位置，将双臂朝身体外侧适当旋转。播放动画，会看到身体的几个部位都在运动，伴随微妙的变化，如图12-26所示。

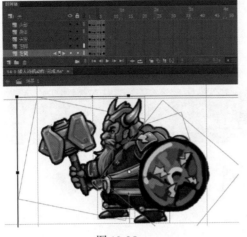

图 12-25

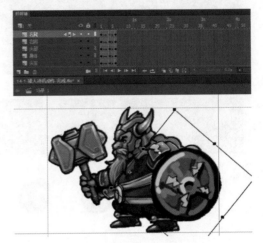

图 12-26

本例的源文件可参考配套资源中的"12-1-矮人待机动作-完成.fla"。

12.3 示范实例——制作矮人角色的跳跃动作

视频
教程

制作矮人角色的跳跃动作，其要求为：矮人角色原地跳跃，使用4帧完成。

（1）在第1帧位置绘制起势姿势，并调整好各元件的中心点，如图12-27所示。

（2）实际生活中，人在跳跃前需要先屈膝半蹲，像弹簧一样进行蓄力，然后再跳跃。因此，在制作角色向上跳的动作前，需要先使角色的身体适当向下。

起势是动作制作环节中很重要的一点。例如，如果一个人准备向前运动，那么它必须先适当向后移，以便做准备动作。同理，如果角色要向上跳，那就要先适当蹲下。

起势总会与主要动作产生明显的对抗面，观众可能原以为角色会朝着某个方向运动，但事实上角色会朝着相反的方向运动。因此，起势能使角色的动作更有力。

起势的节奏也非常重要，一些好的起势动作有时是极快的，有时又是极慢的。例如，某角色先缓慢地做起势动作，然后突然朝反方向加速奔跑。就动画效果而言，观众不需要看到角色奔跑的全过程，只要看到角色飞速前进的身影和身后的烟尘即可，这样的反差效果很强烈。

在本例中，为所有图层在第2帧位置设置关键帧，选中除双腿以外的所有元件，将其适当向下移动，如图12-28所示。

（3）为所有元件在第3帧位置设置关键帧，使角色向上跳跃，两只手臂下垂，两只脚也适当向下旋转，如图12-29所示。

（4）虽然跳跃动作要形成循环，但这里不需要第1帧和末帧完全一致，只要保证能衔接上即可。因此，在第4帧位置设置关键帧，使角色落下，但没有落地的动作，如图12-30所示。

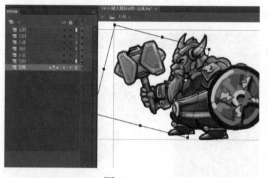
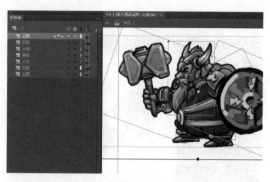

图 12-27　　　　　　　　　　　　　　　　图 12-28

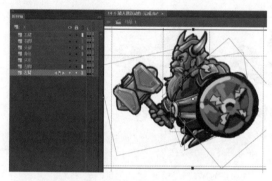
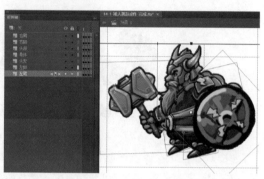

图 12-29　　　　　　　　　　　　　　　　图 12-30

本例的源文件可参考配套资源中的"12-1- 矮人跳跃动作 - 完成 .fla"。

12.4　示范实例——制作矮人角色的跑步动作

视频
教程

制作矮人角色的跑步动作，其要求为：矮人角色原地跑步，使用 6 帧完成。

（1）在第 1 帧位置，绘制角色起跑的动作，如图 12-31 所示。

（2）由于右脚抬起后，与身体的结合部分穿帮，因此需要为"右脚"图层添加一个遮罩层，遮住穿帮的部分，如图 12-32 所示。

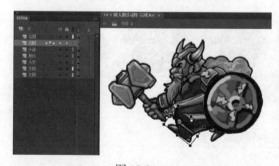
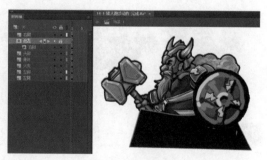

图 12-31　　　　　　　　　　　　　　　　图 12-32

（3）在第 3 帧位置，为所有图层设置关键帧，将角色的姿势调整为两腿平行状态，并为第 1~3 帧添加传统补间动画，如图 12-33 所示；在第 4 帧位置，为所有图层设置关键帧，这次角色的左脚在前，右脚在后，如图 12-34 所示。

（4）使角色在第 6 帧时的动作和第 1 帧时的动作一致。

（5）进入"右臂"元件，调整右臂动作，使其在跑步时与腿部协调。在第 4 帧时，左脚收回，右脚迈出，此时的右臂应该随着左脚向后甩。因此，在第 1 帧和第 6 帧位置先设置关键帧，再在第 4 帧位置，将右臂及锤子向身后方向适当旋转，如图 12-35 所示。

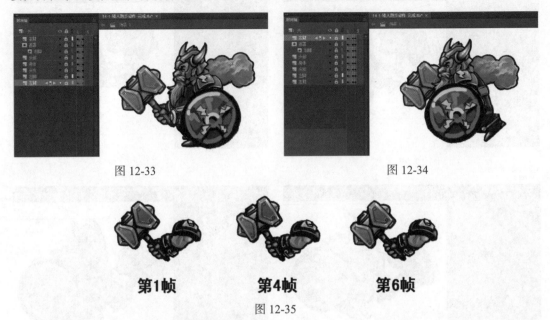

图 12-33　　　　　　　　　　　图 12-34

第1帧　　　　第4帧　　　　第6帧

图 12-35

（6）左手及盾牌也要随着脚步变化而调整。进入"左臂"元件，在第 4 帧位置，右脚迈出，左手随之向前摆动，这时就要将左臂及盾牌适当向前旋转，如图 12-36 所示。

第1帧　　　第3帧　　　第4帧　　　第6帧

图 12-36

本例的源文件可参考配套资源中的"12-1-矮人跑步动作-完成 .fla"，效果如图 12-37 所示。

图 12-37

12.5　示范实例——制作野蛮族的起跳动作

视频
教程

前面学习了游戏角色的基本动作，这部分内容比较简单。本节将进一步对游戏角色的战斗动作进行深入讲解，角色战斗时分为两种状态，即防御状态和进攻状态。

由于本例源于商业案例，因此无法提供角色设置的原始 psd 文件，读者可以打开配套资源中的"12-2-野蛮族-素材 .fla"，舞台中有一个野蛮族角色，如图 12-38 所示，角色的每个部位已被转换为元件，并被分别放在单独的图层中，以便后续调整角色动作，如图 12-39 所示。

先制作角色起跳动作，该动作用于躲避敌人攻击，制作要求为：野蛮族角色原地起跳，并躲避敌人攻击，使用 32 帧完成，并使该动作形成循环。

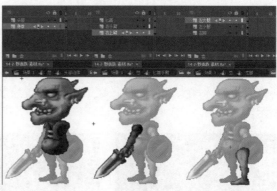

图 12-38　　　　　　　　　　　　　　　图 12-39

（1）为第 1~5 帧添加传统补间动画，角色原地不动。

在第 13 帧位置为所有图层设置关键帧，并在该帧制作角色起跳的起势状态，使其身体向下，腿部半蹲，但由于相关部位没有旋转，因此出现了穿帮现象，如图 12-40 所示。

（2）进入各元件内部，在第 13 帧位置设置关键帧，并调整各部位动作。特别注意，要使腿部屈膝，头部抬起，使角色呈现平视敌人进攻路线的效果，如图 12-41 所示。

图 12-40　　　　　　　　　　　　　　　图 12-41

（3）在第 15 帧位置为所有图层设置关键帧，将角色整体向上移动，制作出跃起的状态，如图 12-42 所示。

（4）进入各元件内部，在第 15 帧位置设置关键帧，并调整各部位动作，如图 12-43 所示。

（5）进入"头部"元件，在第 14 帧位置绘制嘴张开的动作，使角色呈现出跳起时口中喊叫的效果，如图 12-44 所示。

图 12-42　　　　　　　　　　图 12-43　　　　　　　　　　图 12-44

（6）调整角色跳至最高点时的身体蜷缩状态，从而最大限度地躲避敌人的攻击。在第 20 帧位置为所有图层设置关键帧，将角色的四肢适当向上旋转，如图 12-45 所示。

（7）进入各元件内部，在第 20 帧位置设置关键帧，并调整各部位动作，如图 12-46 所示。

（8）进入"头部"元件，在第 20 帧位置绘制角色嘴张大、舌头伸出的动作，如图 12-47 所示。

图 12-45   图 12-46   图 12-47

（9）在第 24 帧位置为所有图层设置关键帧，角色开始从最高点落下。注意，角色的双臂要向上伸展，如图 12-48 所示。

（10）在第 26 帧位置为所有图层设置关键帧，调整角色落地的姿势，使其身体重心靠下，并使上半身适当前倾，如图 12-49 所示。

（11）按住 Alt 键不放，将所有图层的第 1 帧拖至第 32 帧，即将第 1 帧的姿势复制到第 32 帧位置，这样使得前后保持一致，使动作形成循环，如图 12-50 所示。

图 12-48   图 12-49   图 12-50

本例的源文件可参考配套资源中的"12-2-野蛮族-跳起躲避.fla"，效果如图 12-51 所示。

图 12-51

12.6　示范实例——制作野蛮族的魔法攻击动作

视频
教程

制作野蛮族角色使用魔法攻击敌人的动作，其要求为：野蛮族角色发射魔法光波攻击敌人，魔法光波属于远程攻击，使用 23 帧完成，并使该动作形成循环。

我们先来构思这套动作：角色手中的武器有两种——盾牌和匕首，从表面上看，盾牌是防御的器械，匕首是进攻的器械，所以当前的攻击动作就要以匕首为主进行设计。如果只用普通的匕首向前刺，则幅度太小，动作效果不明显；因此，需要设计一个幅度较大的动作，可以让角色原地旋转 360°，再将匕首向前方刺去，这样可以使角色的力量、动作幅度产生更好的效果。

（1）先在第 1 帧位置绘制一个预备动作，如图 12-52 所示。

（2）在第 2 帧位置，使角色的上半身后仰，绘制起势状态，如图 12-53 所示。

（3）在第 3 帧位置，将角色的各部分进行水平翻转，使角色转身，在本次动作变化过程中，原本在身体前面的盾牌和左臂都要转到身体的后面，所以需要在第 3 帧位置，将角色的左臂及盾牌剪切并粘贴至身体下面的图层中，如图 12-54 所示。

图 12-52　　　　　　　　　图 12-53　　　　　　　　　图 12-54

（4）在第 4 帧位置，将角色的身体转过来，并把匕首稍稍向上举，做出准备攻击的动作，如图 12-55 所示。

（5）在第 5 帧位置，角色挥舞匕首猛地向前刺，其身体前倾，同时，角色的嘴巴张大，游戏中的效果可以加入喊叫声，如图 12-56 所示。

（6）在第 6 帧位置，匕首稍稍往斜上方刺去，为后面收匕首做准备，如图 12-57 所示。

图 12-55　　　　　　　　　图 12-56　　　　　　　　　图 12-57

（7）在第 7 帧和第 8 帧位置，角色的身体往回收，重心后移，如图 12-58 所示。

（8）第 9 帧的角色身体动作和第 1 帧保持一致，只不过角色的嘴部张开，如图 12-59 所示。

（9）从第 9 帧开始，角色将会释放魔法光波。因此，从这帧起，角色注视着光波前进的方向，其身体的动作幅度很小，仅有轻微的呼吸动作，如图 12-60 所示。

图 12-58

图 12-59

图 12-60

（10）在第 4 帧位置，绘制匕首划过时产生的魔法光波，并转换为“影片剪辑”元件；先添加“模糊”滤镜，将“模糊 X”参数值设置为“18 像素”，“模糊 Y”参数值设置为“0 像素”，使光波产生横向的动态模糊效果；再添加“发光”滤镜，将“模糊 X”和“模糊 Y”参数值均设置为“5 像素”；最后，在色彩效果中添加“亮度”样式，将“亮度”参数值设置为“-80%”，如图 12-61 所示。

图 12-61

（11）在第 5 帧位置，继续绘制匕首划过时产生的魔法光波，并依照上一步操作，添加滤镜和特效，如图 12-62 所示。

（12）同理，在第 6 帧位置，继续绘制魔法光波，并添加滤镜和特效，如图 12-63 所示。

图 12-62

图 12-63

（13）按照上述方法，绘制光波被释放出去的动态效果，如图 12-64 所示。

图 12-64

（14）光波击中敌人以后，会发生爆炸，所以逐帧绘制爆炸后腾起的烟雾效果，并将每帧

绘制的图形都单独转换为"影片剪辑"元件,再添加"模糊"和"发光"滤镜,并将"亮度"参数值设置为"-80%",将整体效果压暗,如图 12-65 所示。

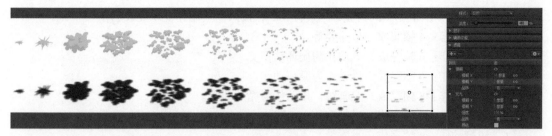

图 12-65

(15)将爆炸的烟雾效果整体转换为"图形"元件,从第 12 帧开始出现,放在光波释放路线的尽头,如图 12-66 所示。

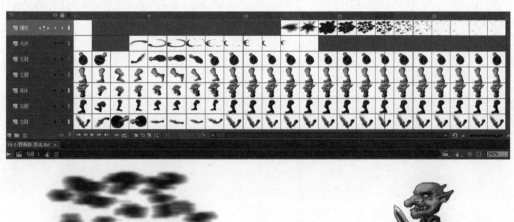

图 12-66

本例的源文件可参考配套资源中的"12-2-野蛮族-攻击.fla"。

制作完成后,根据游戏设计要求,导出规定大小的 PNG 图片序列。

本 章 小 结

本章主要介绍了在 Animate 中制作游戏角色动作的方法,由于部分案例具有商业用途,所以对源文件中提供的部分图进行了压缩,对角色动作也进行了适当处理。

游戏行业在国内日益兴盛,很多动画制作人员也逐步参与其中。游戏中的角色、场景、动作,甚至剧情,都和动画有很多相似的地方。游戏在美术方面的制作手法,也和动画所采用的技术手段有较多相似之处。

Animate 发展到今天,已不仅仅是一款动画制作软件,这款软件也涉足游戏、交互、网络、视频等多个应用领域。因此,读者应熟练掌握 Animate 中的技术,从而促进自身发展。

本章所讲述的制作游戏角色动作的方法,在实际工作中使用较广,其核心内容主要通过补间动画来完成,故技术要求并不高。但是,需要动画制作人员能对角色的运动规律熟练掌握,并具备一定的想法和创造性,以便创作的角色动作能被玩家和客户认可。

练 习 题

使用配套资源中的"12-2-野蛮族-素材.fla",按照以下制作要求完成创作。

（1）待机状态：4帧完成，战斗姿势。

（2）走路动作：6帧完成，该动作为循环动作。

（3）跑步动作：6帧完成，该动作为循环动作。

（4）跳跃动作：8帧完成，双脚跳，该动作为循环动作。

（5）攻击动作：4帧完成，举刀砍。

（6）防御动作：4帧完成，举盾牌。

（7）受伤动作（被敌人击中）：4帧完成，被击中后不倒地。

（8）死亡动作：5帧完成，倒地死亡。

制作完成后，分别导出PNG图片序列，要求每帧大小为256×256像素，背景透明，每套动作的序列帧分别放在单独的文件夹中。

第 **13** 章
高级角色动画的制作实例

随着国内动画制作水平的不断提高，仅靠 Animate 的补间动画功能已经无法达到制作要求了。本章将主要介绍使用 Animate 制作商业动画的技术手法。

13.1 示范实例——制作角色逐帧动作：妈妈吃惊后转头

本节通过商业动画的实例来介绍一个镜头的完整制作过程。

打开配套资源中的"13-1- 吃惊转头 - 素材 .fla"，舞台中有一个已分好元件的角色——妈妈，画面中是她的正面，如图 13-1 所示。

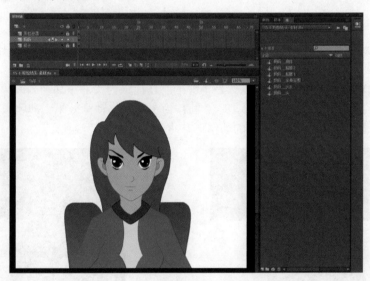

图 13-1

该镜头的剧本描述为：妈妈坐在操纵台前，身后的门突然开了，她吃了一惊，急忙回头看。

制作要求：帧频为 25fps，动作长度为 3 秒，制作完成后为角色添加阴影效果。

该镜头在摄影表上的要求为：第 1~16 帧，角色为静止状态，因为要给该镜头和上一个镜头之间要添加一个转场效果，故需要留出一点静止时间；第 17~32 帧，制作角色吃惊的表情；第 33~70 帧，制作角色转头看的动作；第 71~75 帧，角色不动。

接下来，按照上述要求，完成制作任务。

13.1.1 制作吃惊的表情动画

首先，制作角色吃惊的表情动画。通常来讲，吃惊的表情无非是眉毛上挑，眼睛睁大，嘴巴张开。但是，为了强化由平常表情转换为吃惊表情的动画效果，就需要添加更多的动作细节。

例如，根据起势原则，睁大眼睛前先要制作闭眼睛的动画效果，这样才能使眼睛睁开得更有力度。因此，先从制作闭眼动画入手。

（1）进入图形元件"妈妈_头"中，由于第17帧才开始出现吃惊的表情，因此闭眼动作从第18帧开始。在"眼睛"图层的第18帧位置设置关键帧，使用任意变形工具，将眼睛压扁一些，如图13-2所示。

（2）因为在Animate中制作逐帧动画通常为一拍二，所以在"眼睛"图层的第20帧位置设置关键帧，删除之前的"眼睛"元件，绘制闭眼睛的效果，并构成群组。这时，嘴部也需要配合，在"嘴"图层的第20帧位置设置关键帧，并绘制嘴巴微微张开的效果，如图13-3所示。

图 13-2

图 13-3

（3）为"眼睛"和"嘴"图层在第22帧位置设置关键帧，将眼睛睁大，眼珠稍微缩小，嘴巴也适当张大，做出吃惊的表情，如图13-4所示。

（4）仅制作闭眼和睁眼的动画显然是不够的，还应该为头部添加动画效果用于配合。回到"妈妈_全身完整"元件中，在第18~22帧，为头部添加动画效果，即闭眼时头部适当下移，眼睛睁大时头部适当上移，这样的动作更有冲击力，如图13-5所示。

图 13-4

图 13-5

吃惊的表情绘制完成，动画效果如图13-6所示。

图 13-6

13.1.2　制作转身动画

动画中，角色的肢体语言极为重要，这也是动画的魅力所在。动作是否漂亮，取决于其流畅程度、运动规律、节奏把握等多个因素。

接下来要制作角色转身的动作，需要注意以下几点。

- 按照运动规律，人在转头的瞬间，眼睛受到刺激，会闭上眼睛。
- 角色是长头发，转身时，头发由于惯性作用而飘动。

由于 Animate 的传统补间动画很难完成接下来的角色转身动作，因此要使用逐帧的制作手法来创作。在制作之前，最好先绘出角色的动作草图，并将所有草图连起来预览动作效果，确认无误后再开始绘制正式稿。如果忽略了绘制草图的步骤，而直接绘制正式稿，一旦发现有问题，则改动幅度会非常大，几乎等同于重新创作。因此，前期的绘制动作草图是必备过程。

动作草图不需要绘制得非常精细，只需把角色大致勾勒出来即可。

转身动作依然使用一拍二的方式来绘制。

（1）新建图层，在第 33 帧位置，绘制角色的正面草图，如图 13-7 所示。

（2）由于是一拍二，因此在第 35 帧位置添加空白关键帧，绘制角色转身的动作。注意，不要让角色直挺挺地转过去，头应该低一些，以便出现先低头、后抬头的效果，如图 13-8 所示。

（3）在第 37 帧位置添加空白关键帧，继续绘制角色的转身草图，这一帧，角色再稍稍往后转一些，身体也开始转动，如图 13-9 所示。

（4）在第 39 帧位置，角色转到正侧面，注意头发摆动，如图 13-10 所示。

图 13-7　　　　　　　图 13-8　　　　　　　图 13-9　　　　　　　图 13-10

（5）分别在第 41、43、45 帧位置添加空白关键帧，继续绘制角色转身的动作草图。注意，角色转身时，头发受力飘起来；角色转身后静止，头发便会落下，如图 13-11 所示。

图 13-11

（6）继续绘制后面的动作草图，虽然头部的转动动作已经停止，但头发因为惯性还会继续摆动，如图 13-12 所示。

绘制完成后，连起来预览动态效果，如果没有问题就进入下一阶段，开始绘制正式稿。

（7）新建图层，在第 35 帧位置添加空白关键帧，根据动作草图绘制正式稿，注意角色依然保持着吃惊的表情，如图 13-13 所示。

（8）在第 37 帧位置，继续绘制正式稿，注意角色转头的瞬间眼睛要闭上，如图 13-14 所示。

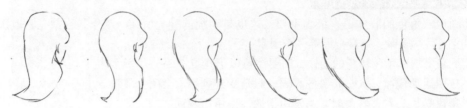

图 13-12

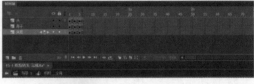

图 13-13

图 13-14

（9）在第 39 帧位置添加空白关键帧。注意，角色转身后，其后背的左半边是被椅子挡住的，故角色转身后，其后背的左半边可以简单处理，毕竟观众是看不到的，如图 13-15 所示。

（10）在第 41 帧位置，绘制头发飘起来的效果，头发被椅子挡住的部分依然简单处理，如图 13-16 所示。

图 13-15

图 13-16

（11）在后续动作中，角色的身体已经不动了，只有头发仍在飘动。因此，角色的身体和头部可以直接复制到新的空白帧，再根据动作草图，单独绘制飘动的头发即可，如图 13-17 所示。

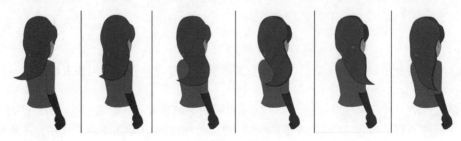

图 13-17

至此，整个动作已经绘制完毕，播放动画进行检查，若无问题，可进入下一阶段。

13.1.3　添加暗部及阴影

在添加光影效果前，需要事先明确光线是从哪个角度射向角色的。

一般情况下，光线是从左上角或右上角射入，本例的光源设置为从左上角射入，这样，角色的右脸是亮部，左脸的外侧是暗部，如图 13-18 所示。

（1）进入"妈妈_头"图形元件，按照脸部结构，绘制角色左脸外侧的暗部区域，并填充为比亮部肤色稍深的颜色，如图 13-19 所示。

光源

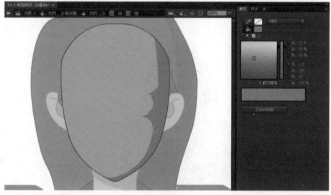

图 13-18　　　　　　　　　　　　　　　　　图 13-19

（2）接下来，为头发添加暗部和阴影。添加阴影的方法有两种：一、使用指定色，例如，规定头发暗部的色值，直接填充，这种方法直截了当；二、使用纯黑色，然后降低透明度，并覆盖在元件上，这样就不用考虑其他颜色的暗部了，都用透明度为 20% 的黑色覆盖即可。

本例使用第二种方法为头发添加暗部和阴影。

复制头发群组，并进入复制后的群组中，勾勒出暗部区域，填充透明度为 20% 的黑色，然后删除其他区域，这样就只留下暗部区域的群组，并将其放在头发群组之上。

再复制头发群组，并进入复制后的群组中，将整个头发部分填充透明度为 20% 的黑色，并删除所有的轮廓线。返回群组，将该群组置于头发群组之下，并向下移动一些，做出头发投射在脸部的阴影效果，如图 13-20 所示。

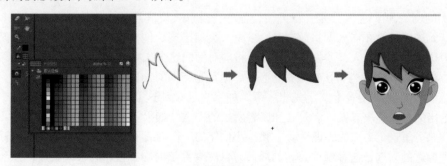

图 13-20

（3）为角色头部后面的披肩发添加暗部，如图 13-21 所示。

（4）为脖子、胸部、手臂添加暗部及阴影效果，效果如图 13-22 所示。

（5）为后面的逐帧动画添加暗部和阴影。注意，角色转身时，绘制椅子投射在角色背部的阴影效果，如图 13-23 所示。待角色完全转身后，画面中角色只露出右脸，并且是背光区域，故不再绘制脸部的亮部，如图 13-24 所示。

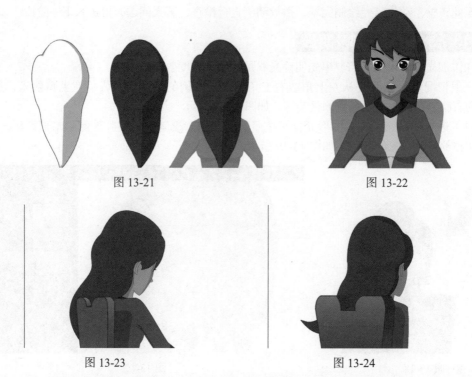

图 13-21　　　　　　　　　　　　　　　　　图 13-22

图 13-23　　　　　　　　　　　　　　　　　图 13-24

以上内容是动画公司中的动作组需要完成的全部任务，即递交给合成组的最终文件。

本例的源文件可参考配套资源中的 "13-1- 吃惊转头 - 完成 .fla"。

添加完场景后的最终动态合成效果，请参考配套资源中的 "13-1- 最终效果 .wmv"。

13.2　示范实例——制作角色动作：激动的男孩

很多初学者认为，动画角色动作没有什么可设计的，无非是按照运动规律把动作绘制出来。其实，这种认知是错误的，很多情况下，动作师需要根据角色的性格、剧情发展来设计动作，而不能只按照运动规律创作。通过学习本节的实例，读者可以体会到：角色动作需要精心设计。

本例的剧情为：主人公是一位男孩，他准备挑选一位满意的小伙伴，但挑选工作持续一整天却毫无进展。就在男孩即将放弃时，一个人突然出现，他举止非同寻常，这令男孩喜出望外，认为这就是要找的人，欣喜之余激动地指向对面的这个人喊道："你！就是你了！"

而本例要设计的就是男孩在兴奋状态下，激动地指向对面的人大喊的动作。

请读者先不要急于看下文，先想一下，如果自己设计这套动作，应该怎样构思？然后结合下面给出的动作解决方案，看是否和读者所想的一致，如果不一致，哪种方案的效果更好？

首先来分析这个男孩的心理活动：挑选小伙伴的工作持续了一整天，就当男孩准备放弃时，忽然遇到合适的人选，这种峰回路转的局面，自然令男孩内心狂喜，若夸大表述，甚至可以称为失态，而失态情况下所做的动作是非常夸张的，这些失态时的动作毫无疑问是制作的重点。

进一步分析，按照动画的起势原则，非常夸张的动作之前，最好有一个不夸张的准备动作，以便前后形成强烈的反差，从而吸引观众。这个动作应该怎样设计呢？我们细想：男孩终于遇到了合适的人选，情绪强烈爆发。情绪爆发时表现为失态，那么反向推演，上一种情绪应该是激动，再往前的情绪应该是兴奋，而兴奋可以表现为全身发抖。

这样，整套动作就有了一个大概的轮廓，即先兴奋地全身发抖，然后激动地跳起来，最后失态地用手指向对面的人大喊大叫。

接下来，开始创作这套动作，如图 13-25 所示为将要绘制的角色。

图 13-25

13.2.1　绘制动作草图

提醒：先绘制动作草图，并预览动态效果，确认无误后再绘制正式稿。

（1）设计角色兴奋地全身发抖的动作。请注意，不要孤立地想如何表现兴奋地全身发抖，而应该结合后面的动作去构思，将前后动作有效衔接起来。

有经验的动作设计师会这样设计动作：前面的动作先让观众感到疑惑，不知道角色接下来将要干什么；然后再通过后面的动作揭晓答案，让观众有恍然大悟的感觉。

综上所述，这个兴奋地全身发抖的动作可以按照如下设计：男孩低着头，看不到脸上的表情，双手按着椅子，全身不停地发抖，让观众完全不知道男孩当前是高兴还是生气，从而产生疑惑；然后再衔接后面的动作，进一步揭晓答案。

①新建 Animate 文件，设置舞台大小为 1280×720 像素，帧频为 25fps，在舞台中绘制黑框，罩住舞台以外的区域。新建引导层，因为引导层在最终输出时不会显示，故作为草图层非常合适。在第 1 帧位置，绘制角色双手撑着椅子、低着头的姿势，如图 13-26 所示。

②绘制动作时采用一拍二的方式，因此在第 3 帧位置插入关键帧，将角色的身体和头部稍稍移动并适当旋转，和前面绘制的动作连起来播放，产生不断抖动的效果。将这两帧不断复制，使发抖的动作持续到第 36 帧，如图 13-27 所示。

图 13-26

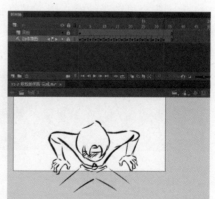

图 13-27

（2）设计角色激动地跳起来的动作。

①根据动画的起势原则，在角色跳起来之前，最好绘制一个向下趴的动作，这样前后对比更加强烈，节奏感也更好。在第 37 帧位置，使男孩向下趴，如图 13-28 所示。

②在第 39 帧位置，男孩趴至最低位置。注意，男孩两只手臂的肘部和颈部的连线形似弧

线，像一把拉满的弓，仿佛男孩的身体随时可能向上弹起，如图 13-29 所示。

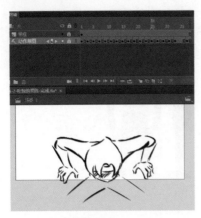

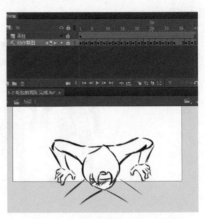

图 13-28 图 13-29

③第 41~43 帧，绘制角色激动地跳起来的动作，男孩的头部由俯视直接转为仰视。这时，男孩的脸部依然被头发遮挡，观众仍看不到男孩的表情，使得观众继续猜测男孩此时的过激反应是激动还是生气，保留了悬念，使观众想继续观看，如图 13-30 所示。

图 13-30

④为了配合男孩激动的心情，需要肢体语言配合。这里设计了一套双手用力挥动的动作，即先将男孩的双手抬起，然后再用力挥动。第 45~47 帧，将男孩的双手抬起，如图 13-31 和图 13-32 所示。

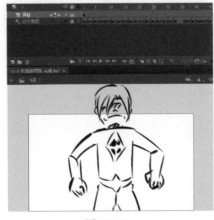

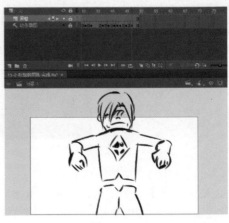

图 13-31 图 13-32

（3）绘制角色失态地用手指向对面的人大喊大叫的动作。

①第 50~52 帧，男孩的头猛地向下移动，他的头发受力向上飘起；同时，男孩激动地冲着对面的人大喊，当男孩张大嘴时，能清晰地看到他的舌头，如图 13-33 所示。

图 13-33

②第 54~56 帧，男孩的双手用力向下挥舞，以配合激动的心情。注意，在双手向下挥舞的过程中，不要直接把男孩的双手画出来，而要绘制模糊的运动轨迹，这样的动感更强，动作效果更好，如图 13-34 所示。

图 13-34

③绘制男孩张大嘴准备大喊大叫的动作。此时，男孩会说一句台词："太好了，做得太好了。"这句台词共有八个字，一般情况下，正常的语速为 3~5 字 / 秒，而男孩此时比较激动，故语速较快，说完这八个字的时长约 1.5 秒，即这句话在第 84 帧位置结束，如图 13-35 所示。

图 13-35

④绘制接下来的动作，男孩激动地指向对面的人大声喊道："你，就是你了。"这里要补充

一个动作：男孩猛地抬起右手，用力向下挥动，指向对面的人。

　　在第85、87、79、91帧，绘制男孩抬起右手的动作。注意，抬手的同时，男孩的身体要适当左倾，如图13-36所示。

图 13-36

　　⑤在第93、95、97、99帧，绘制男孩向下挥手的动作，他的手指指向其对面的人。男孩的手向下挥动时，需要绘制模糊的运动轨迹，以增强动感，如图13-37所示。

图 13-37

　　⑥这个镜头的时长要求为6秒，即150帧。在时间轴的第150帧位置插入普通帧，完成整套动作。播放动画，检查效果，发现问题并及时解决，待整套动作草图确定后，就可以绘制下一步的正式稿了，如图13-38所示。

图 13-38

13.2.2　绘制动作正式稿

　　在Animate中绘制正式稿，并非都像传统逐帧动画那样，每帧都被完整地绘制出来。例如，本例中男孩的第一部分动作，即浑身发抖，只需绘制发抖动作的第一帧，下一帧稍微调整各部位的位置即可，最后做成循环动画就能实现理想的效果了。

为了迎合这种调整的需要，应使有可能发生形变的物体单独分层，并转换为图形元件。

（1）在时间轴里，由上往下依次创建"头部""腰带""身体""手""胳膊""大腿""手套后"图层，然后分别在各图层中绘制出正式稿，如图 13-39 所示。

（2）在各图层的第 3 帧位置插入关键帧，对男孩的各部位进行较小的位移，播放前后两帧，男孩全身微微抖动，然后大量复制这两帧，即可实现男孩的身体不断抖动的效果，如图 13-40 所示。

图 13-39　　　　　　　　　　　　　　　　图 13-40

（3）由于男孩在第 35~40 帧有一个头部向下的动作，做该动作时，男孩的头发会飘起，可以先进入"头部"元件，制作头发飘起的动画，再回到场景中，制作头部下移的动画。进入"头部"元件，分别在第 35、37、39、41 帧位置绘制头发的动画，如图 13-41 所示。

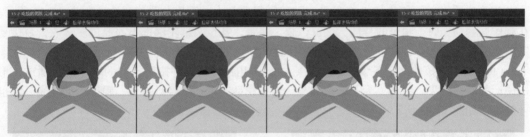

图 13-41

（4）回到场景中，将男孩的头部向下移动，两只手臂的姿势也配合调整，如图 13-42 所示。

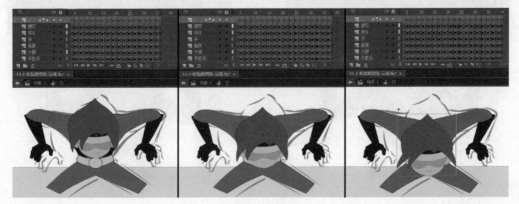

图 13-42

（5）新建图形元件，绘制大角度仰视男孩头部的姿态，并放入场景中的第42帧位置，制作男孩抬起头的动作，如图13-43所示。

（6）由于男孩身体后仰，到第45帧时，男孩颈部的下半部分被衣服遮挡，因此在"身体"图形之下新建"仰视头"图层，将"头部"图层的第45~49帧剪切并粘贴到新图层中，这样可以改变头部和身体的前后位置关系，如图13-44所示。

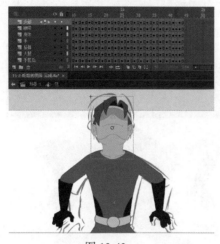

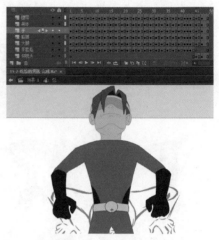

图 13-43   图 13-44

（7）第51帧是男孩抬头动作的最后一帧，注意，男孩的眼睛依然被头发的阴影遮挡，观众依然无法判断男孩此时的心情，如图13-45所示。

（8）从第52帧起，男孩露出了自己的面部，观众能够看到他的表情。这时，大角度仰视男孩头部的姿态已经结束，可以返回原先的"头部"元件中进行绘制和调整了。

注意，男孩的面部表情极其夸张，眼睛瞪得非常大，嘴巴也张得很大，如图13-46所示。在制作这套动作时，角色的身体、手臂、腿、腰带，甚至头部轮廓都不需要过多修改，直接复制前面的关键帧即可，这也是Animate制作逐帧动画的优势，如图13-47所示。

（9）由于男孩此刻准备说话，因此要多制作几种口型，并按照一定的顺序进行播放，形成说话的动作效果。另外，为了丰富细节，男孩说话时手还要轻微抖动，眼珠中的高光亮点也要闪烁，如图13-48所示。

图 13-45   图 13-46

图 13-47

图 13-48

（10）接下来，绘制男孩用手指向对面的人的动作。先对男孩的右手动作进行逐帧绘制，再将其身体略向自己的左侧倾斜；另外，男孩举手时要添加眨眼的动作，其他的部位不需要调整，如图 13-49 所示。

图 13-49

本例的源文件可参考配套资源中的 "13-2- 吃惊的男孩 - 完成 .fla"。

添加完场景后的最终动态合成效果，请参照配套资源中的 "13-2- 最终效果 .wmv"。

13.3　示范实例——制作角色细节动画：被风吹的男孩

说起角色动作，很多人的第一反应就是走、跑、跳、打斗等激烈的肢体动作，这些动作在镜头中动感十足、极具冲击力。但是，还有一类比较平静的动作也很常见，这类动作同样需要勾勒大量的细节。本节将通过实例详细介绍。

先来了解本例的剧情：酷热的夏天，骄阳似火，男孩顶着烈日在山谷中行走，终于找到了一座山洞，洞中的凉风吹向男孩，他的头发、衣服都被风吹起，男孩开心地说："哇，好凉快啊！"

打开配套资源中的 "13-3- 被风吹 - 素材 .fla"，文件内包含一个已转换为元件的男孩角色，并且男孩的各部位已被转换为元件，并被单独放在各自的图层中，如图 13-50 所示。

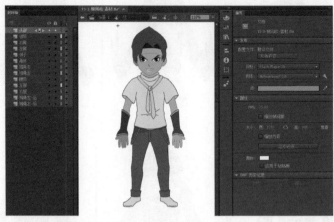

图 13-50

 13.3.1　制作基本动作

由于本节的动作细节较多，而大幅度的动作几乎没有，因此，可以省略动作草图。

调整动作的原则是先大后小，即先调整幅度较大的动作，再添加小动作和细节。

我们来构思男孩被风吹的动作，可以参照如下设计：男孩抬起头，伸开双臂，从而更好地感受吹来的风。

（1）制作抬头动作前的准备。由于前面要留出 5 帧，以便和上一个镜头的转场效果有效衔接，因此在第 6 帧位置，为各图层设置关键帧，准备制作抬头动作，如图 13-51 所示。

（2）制作抬头动作。进入"头部"元件，抬头动作计划用 20 帧完成，因此，再为各图层在第 25 帧位置设置关键帧，除角色的头部和耳朵稍向下移动外，其他的五官以及头发都向上移动，做出抬头的效果，并添加传统补间动画，如图 13-52 所示。

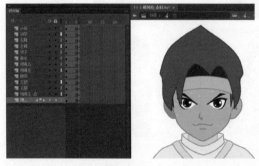　　　　

图 13-51　　　　　　　　　　　　　　　　　图 13-52

（3）角色抬头后，其他部位比较正常，但是发带的透视位置会发生较大变化。所以，上一步所做的位移调整是不够的，还需要对发带制作变形效果。进入"发带"元件，在第 6 帧位置，为相关图层添加关键帧，如图 13-53 所示。

（4）然后在第 25 帧位置，为相关图层添加关键帧，将发带中两条横向的弧形线段的弯曲程度加强，再配合调整头发等相邻区域，并创建补间形状动画，如图 13-54 所示。由于整套动作的时长接近 4 秒，因此为各图层在第 100 帧位置添加普通帧。

（5）制作其他部位的动画效果。角色抬头后，他的脖子和领子部分也会发生变化，故进入"脖子"元件，同样在第 6 帧和第 25 帧位置，为各图层添加关键帧，并创建补间形状动画，体现领子和脖子的透视变化，如图 13-55 所示。

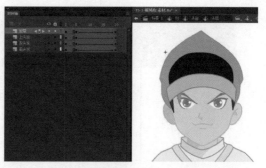

图 13-53　　　　　　　　　　　　　　　图 13-54

图 13-55

（6）按照上述方法，对"身体"元件进行调整，如图 13-56 所示。

（7）对男孩的双臂进行调整，制作"抬起头，伸开双臂"的动画效果，如图 13-57 所示。

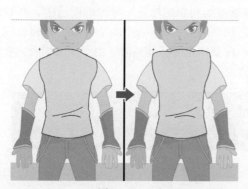

图 13-56　　　　　　　　　　　　　　　图 13-57

再分别进入"眼睛"和"嘴巴"元件，制作眨眼和说话的动画。

13.3.2　制作男孩被风吹的动画

制作动画前，我们先进行判断，男孩身上的哪些物体可以被风吹动？通过观察可以发现，男孩的头发、领带、上身 T 恤、袖子、裤绳可以被风吹动。接下来，围绕上述物体制作动画。

（1）进入"前头发"元件，分别在第 1、4、7、10、12 帧位置插入关键帧，调整头发的形状，再使用补间形状动画的方式，制作头发随风飘动的动画，并且使第 1 帧和第 12 帧能连接起来，构成循环。制作完成后，为了便于后续添加阴影效果，将图形中的轮廓线剪切出来，并新建图层存放，如图 13-58 所示。

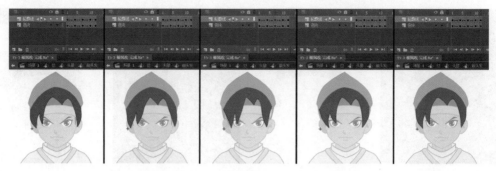

图 13-58

（2）再进入"后头发"元件，分别在第 1、4、7、10、12 帧位置插入关键帧，调整后面头发的形状，再使用补间形状动画的方式，制作后面头发随风飘动的动画，并且使第 1 帧和第 12 帧能连接起来，构成循环，如图 13-59 所示。

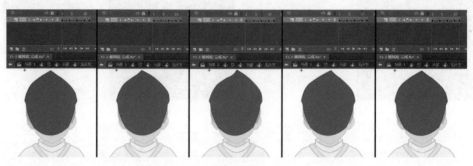

图 13-59

（3）进入"领带"元件，将构成领带的四条领绳和领结均置于单独的图层中。在制作领带随风飘动的动画前，建议读者结合实际情况，观察现实中领带是如何飘动的。可以发现，领带的领绳随风飘动，而领结随着领绳也会移动。在制作这部分动画时，由于无法构成完整的循环，因此只能大量复制关键帧，如图 13-60 所示。

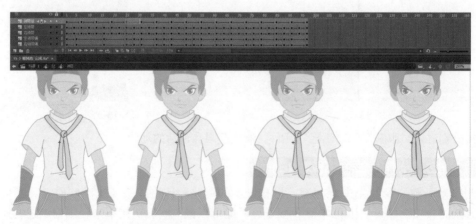

图 13-60

（4）进入"身体"元件。由于男孩穿的是 T 恤，这里建议读者对 T 恤的上半部分不做调整，因为一旦 T 恤上半部分也发生形变，势必会影响 T 恤的袖子部分；再者，这件 T 恤的上半部分比较贴身，抖动幅度不大，因此，主要围绕 T 恤的下半部分制作随风飘动的动画，如图 13-61 所示。

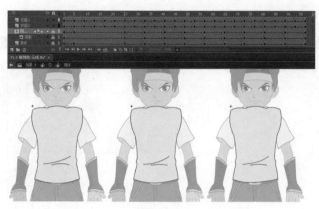

图 13-61

（5）制作袖子随风飘动的动画。注意，袖子分为正面的和内部两部分，且"袖子内部"图层在"手臂"图层之后。所以，袖子的两部分要分别调整，并且保证两部分在画面中能连在一起，如图 13-62 所示。

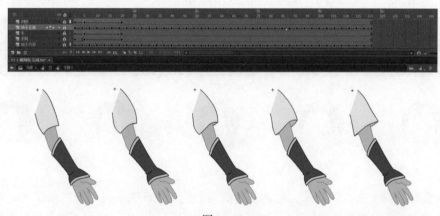

图 13-62

（6）制作裤绳随风飘动的动画。由于裤绳也分为腿前和腿后两部分，因此也要分别调整，可以将它们各自的飘动动作构成循环，动画效果分别如图 13-63 和图 13-64 所示。

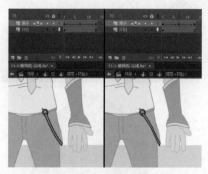

图 13-63

图 13-64

 ### 13.3.3　添加暗部和阴影

本节将为角色添加暗部和阴影，操作步骤如下。

（1）为男孩的脸部添加暗部。进入"脸部"元件，使用线条工具在脸部的色块中绘制暗部区域，并将该区域和脸部的所有轮廓线复制，填充为较深的颜色，将男孩脸部的暗部色块和轮廓线构成群组，放在脸部色块之上，如图 13-65 所示。

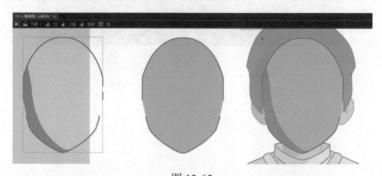

图 13-65

（2）为男孩的头发添加暗部。由于头发分为前、后两部分，因此要分别添加暗部。另外，头发的动态效果比较多，如果按照常规方式添加暗部，工作量势必会很大，所以，建议读者使用遮罩功能来配合。在"额头头发"图层之上新建"额头头发阴影"图层，用于绘制暗部区域，只需注意头发里面的部分，外面的部分不必理会，并使用补间形状动画方式制作，如图 13-66 所示。

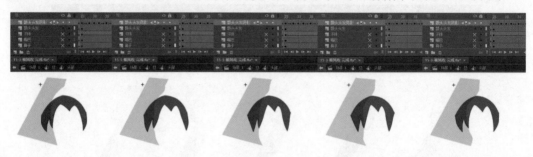

图 13-66

（3）复制"额头头发"图层，将新复制的图层放于"额头头发阴影"图层之上，右击新图层，在弹出的菜单中选择"遮罩层"命令。这样，新复制的图层变为"额头头发阴影"图层的遮罩层，"额头头发阴影"图层中超出头发边界的部分就被隐藏了，男孩前面的头发的暗部效果如图 13-67 所示。

（4）使用同样的制作方式，为男孩后面的头发添加暗部，效果如图 13-68 所示。

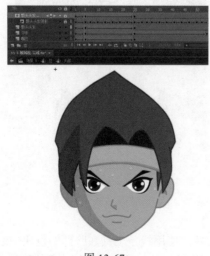

图 13-67

图 13-68

（5）进入"身体"元件，按照上述制作方法，为男孩的身体添加暗部，如图 13-69 所示。

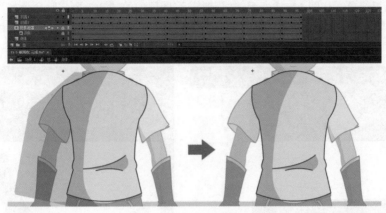

图 13-69

（6）为男孩的手臂、脖子、腿部添加暗部和阴影效果，整体效果如图 13-70 所示。

图 13-70

本例的源文件可参考配套资源中的"13-3- 被风吹 - 完成 .fla"。添加完场景后，最终的动态合成效果可参考配套资源中的"13-3- 最终效果 .wmv"。

13.4　示范实例——使用骨骼工具制作动画：公鸡啄米

Animate 的骨骼工具可以和色块配合使用，使色块发生形变。我们举例说明，新建"图层 _1"图层并绘制一个矩形色块，如图 13-71 所示。然后在工具栏中选择骨骼工具，在色块内从左至右拖曳两次，可以拖出两段骨骼。这时，时间轴里出现了新建的"骨架 _1"图层，矩形色块和新创建的骨骼都被放在该图层中，而原来的"图层 _1"图层已经变为一个空图层，如图 13-72 所示。

图 13-71

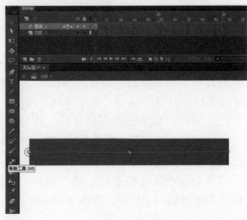

图 13-72

右击"骨架_1"图层的第 50 帧，在弹出的菜单中选择"插入姿势"命令，时间轴里的第 1~50 帧显示为墨绿色，如图 13-73 所示。"骨架_1"图层中的"插入姿势"命令相当于普通图层的"插入关键帧"命令，两者叫法不同。在第 50 帧位置，使用选择工具选中矩形色块中最右侧的骨骼并移动，改变骨骼的姿势，然后拖动时间轴，会看到骨骼形成了动画，如图 13-74 所示。

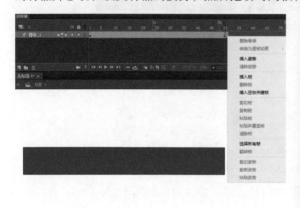

图 13-73 图 13-74

物体包含的骨骼越多，其形变程度就越充分，如图 13-75 所示分别为物体包含四段骨骼和八段骨骼所产生的形变效果。

删除骨骼时，右击"骨架_1"图层中的关键帧，在弹出的菜单中选择"删除骨骼"命令，就可以删除骨骼，只留下色块，如图 13-76 所示。

图 13-75 图 13-76

骨骼工具除了可以应用在色块中，还可以控制"影片剪辑"元件。

打开配套资源中的"13-4- 骨骼系统 - 素材 .fla"，文件是一只剪纸效果的公鸡[1]，剪纸公鸡的主要部位已经被转换为"影片剪辑"元件，如图 13-77 所示。

（1）为这只剪纸公鸡创建骨骼。使用骨骼工具，先从鸡身向鸡脖子拖曳鼠标指针，创建第一段骨骼；再由鸡脖子的骨骼点向鸡头拖曳鼠标指针，创建第二段骨骼；再由鸡身向鸡尾巴拖曳鼠标指针，创建第三段骨骼，如图 13-78 所示。

（2）右击相关骨骼图层的第 5 帧，在弹出的菜单中选择"插入姿势"命令，并在该帧位置将鸡头的骨骼向下移动，如图 13-79 所示。

---

① 本例由原郑州轻工业学院动画系 07 级同学朱蕴娟绘制完成。

图 13-77

图 13-78

图 13-79

（3）按照上述方法，制作鸡低头啄米的动画。制作动画时，可以在时间轴里按住 Alt 键不放，将前面的姿势向后拖曳，便能复制重复性的姿势，从而提高效率，如图 13-80 所示。

（4）在第 50 帧位置，公鸡啄完米后抬起头，全部动画制作完成，如图 13-81 所示。

图 13-80

图 13-81

本例的源文件可参考配套资源中的"13-4-骨骼系统-完成.fla"。

本 章 小 结

本章主要介绍 Animate 高级角色动画的制作方法，不仅涉及 Animate 的传统补间动画、补间形状动画，还介绍了 Animate 逐帧动画的制作方法，以及利用遮罩功能添加暗部和阴影的方法。

实际上，读者可以体会到，使用 Animate 制作动画，掌握技术仅仅是一方面，即使将 Animate 的操作练得炉火纯青，但想做出精彩的动画效果，依然要对关键动画的每帧精心绘制。

因此，本节还介绍了如何设计动作、如何为角色动作加入更多细节等。归根结底，创作动画靠的是创意、想法、节奏，以及对动画运动规律的掌握，而不是单纯地拼谁的技术过硬。如果读者想在动画创作方面有所建树，需要认真打好基础，不要一味地沉迷于软件技术的学习中。

练 习 题

1. 为 13.2 节的实例角色——激动的男孩，添加暗部和阴影效果。

2. 利用 13.2 节的实例角色，设计一段的动画，剧本要求为：正在万分危急的时刻，男孩突然出现在人们的面前，面对穷凶极恶的敌人，他轻蔑地笑了笑，随即冲向敌人与他们展开搏斗。

第14章

场景动画制作实例

场景动画与其他动画比较，相对简单一些，场景动画在技术上涉及最多的操作就是位移。但是，场景有自己独特的运动规律，物体所处的远景和近景差异，导致其在画面中的运动速度有所不同，即常说的"近快远慢"规律。本章将着重介绍场景动画的规律和调整方法。

14.1 场景动画概述

一般情况下，场景的景别分为近、中、远三种。场景移动时，不同的景别其运动速度不同。

以最普遍的平移场景为例，如图 14-1 所示。初学者的做法是，将整个场景从一侧平移到另一侧。但是，这种平移场景的方式就像一幅画在眼前移动，画面感非常假。

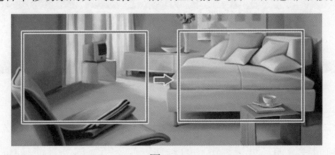

图 14-1

打开配套资源中的"14-1-场景平移-1.avi"，该视频文件展示了平移场景的效果，如图 14-2 所示。注意观察，我们可以发现不同景别的场景，其运动速度有所不同。

图 14-2

当我们在火车或汽车上观看车窗外的自然风光时，会发现近处的树快速闪过，而远处的山缓慢移动，这就是场景运动中的"近快远慢"规律。

我们再以如图 14-1 所示的场景为例，若想把"近快远慢"的规律体现在该场景中，就需要把近景的椅子和中景的茶几单独分层，然后在平移场景的过程中对两者单独移动，如图 14-3 所示。

打开配套资源中的"14-1-场景平移-2.avi"，该视频文件展示了调整后的平移场景的效果，如图 14-4 所示。

如果希望增强空间感，可以加入一些景深效果，即将远景的模糊程度加强一些，中景稍微模糊一些，前景的模糊程度不变。这样调整后的场景，其视觉感更强，效果更好。

图 14-3

图 14-4

打开配套资源中的"14-1-场景平移-3.avi",该视频文件展示了增加景深效果后的平移场景的效果,如图 14-5 所示。

图 14-5

14.2 示范实例——制作动画:奔驰的原野

视频
教程

室外场景动画同样遵循"近快远慢"的运动规律。与室内场景动画有所不同,室内的景别较少,空间也小很多;而室外场景一般都是大场景,空间、纵深、景别都更为丰富。本节通过实例"奔驰的草原"介绍室外场景动画的制作方法。

(1)打开配套资源中的"14-1-奔驰的原野-素材.fla",舞台中的物体已摆好了位置,并按照景别的前后顺序分好了图层。仔细观察会发现,每种景别都有多个层次关系。例如,近景包括树和草丛两个层次;中景包括水和农田两个层次,它们的运动速度也是不一样的,如图 14-6 所示。

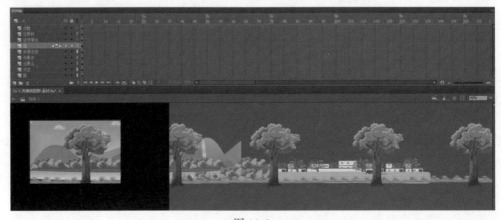

图 14-6

制作场景动画前,先对整个场景进行分析。最远的景别包括天空和白云,由于两者太远,故在画面中它们的运动效果不明显，可以忽略。常规的远景包括远山，其运动速度较慢；近景包括大树，其运动速度较快。

（2）为所有图层在第 150 帧位置插入普通帧。

（3）对远景进行调整。选择"远景山"图层，在第 150 帧位置插入关键帧，使用移动工具，将远山自右向左移动，并添加传统补间动画，如图 14-7 所示。

图 14-7

（4）对中景进行调整。选择"中景农田"和"中景水"两个图层，在第 150 帧位置插入关键帧，使用移动工具将它们自右向左移动。需要注意，农田和水属于中景，运动速度比远山快、动作幅度更大，因此，它们的移动距离要比远山更长，如图 14-8 所示。

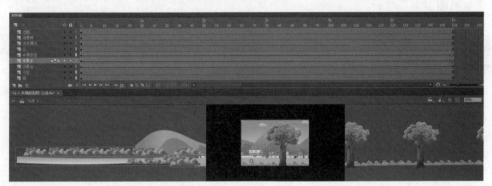

图 14-8

（5）对近景进行调整。选择"近景树"和"近景草丛"两个图层，在第 150 帧位置插入关键帧，使用移动工具将它们自右向左移动，移动距离比中景的物体更长。需要注意，近景中的树比草丛更近，因此，树的移动距离比草丛更长，如图 14-9 所示。

图 14-9

（6）由于树距离镜头很近，因此给树添加一些镜头效果。选择"近景树"图层，在第 1 帧位置选中"树"元件并添加"模糊"滤镜。注意，树是横向移动的，故只需为其添加横向模糊效果。进入"属性"面板内的"模糊"滤镜，单击"模糊 X"后面的锁定按钮，解锁"模糊 X"和"模糊 Y"，将"模糊 X"的参数值设置为"26 像素"，"模糊 Y"的参数值设置为"0 像素"，这样就给树添加了横向运动模糊效果。同理，在"近景树"图层的最后一帧也添加横向的"模糊"滤镜，如图 14-10 所示。

图 14-10

按 Enter 键或者按 Ctrl+Enter 组合键，观看调整后的动画效果，可以看到近景的树飞驰而过，而远景的山缓缓移动。

本例的源文件可参考配套资源中的"14-1- 奔驰的原野 -- 完成 .fla"。

14.3 示范实例——制作动画：场景平移和镜头变焦

视频
教程

虽然室内场景动画的运动幅度比室外场景动画要小很多，但是，因为室内场景纵深小，所以可添加的特效也比较多，如景深等。

景深，指的是焦距推远或拉近产生的模糊效果。本节通过实例[①]中的室内场景来模拟景深，并制作因焦距变化而产生的变焦动画效果。

（1）新建一个文件，设置舞台大小为 720×576 像素，帧频为 25fps。执行菜单命令"文件"→"导入"→"导入到库"，将配套资源中的"14-2- 场景平移 - 素材 1- 房间 .png""14-2- 场景平移 - 素材 2- 椅子 .png""14-2- 场景平移 - 素材 3- 茶几 .png"三个文件导入库中，并分别转换为"影片剪辑"元件，如图 14-11 所示。

（2）在舞台中新建图层，绘制黑色遮罩，遮挡舞台以外的区域，便于查看画面，并将该图层以线框模式显示。

创建三个新图层，将"房间""茶几""椅子"元件按照由下往上的顺序，依次拖入新图层中，并将它们放在靠右的位置，为后续创建向左移动的动画做准备，如图 14-12 所示。

（3）为场景添加景深效果。在镜头开始部分，画面中需要表现远景。因此，房间不能模糊，而近景的椅子则需要变模糊，中景也需要适当模糊。

为"椅子"图层中的"椅子"元件添加"模糊"滤镜，并将"模糊"参数值设置为"16 像素"，"品质"设置为"高"，如图 14-13 所示；为"茶几"图层中的"茶几"元件添加"模糊"滤镜，并将"模糊"参数值设置为"6 像素"，"品质"设置为"高"，如图 14-14 所示。这样，就形成了越近越模糊的景深效果，

①本例由原郑州轻工业学院动画系 04 级同学屈佳佳绘制完成。

图 14-11

图 14-12

图 14-13

图 14-14

（4）除添加模糊效果外，由于近景和中景的物体距离光源（窗户）较远，因此也要调节其亮度。将"椅子"元件的"亮度"参数值设置为"-12%"；将"茶几"元件的"亮度"参数值设置为"-4%"，使它们变暗。

（5）接着来，制作场景平移的动画。为所有图层在第 150 帧位置插入普通帧，再为"房间""茶几""椅子"图层插入关键帧，自右向左移动"房间""茶几""椅子"三个元件，并添加传统补间动画。播放动画时可以看到，由于三个物体的运动速度完全相同，给人的感觉就像一幅画在眼前移动，如图 14-15 所示。

（6）在第 150 帧位置，再自右向左移动椅子，使椅子移动的距离超过房间移动的距离；接着，再自右向左移动茶几，使茶几移动的距离大于房间移动的距离而小于椅子移动的距离。这样，三个物体的移动速度产生差异：近景的椅子移动速度最快，中景的茶几移动速度适中，远景的房间移动速度最慢。再播放动画，整个画面变得有空间感了，如图 14-16 所示。

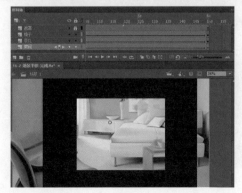

图 14-15

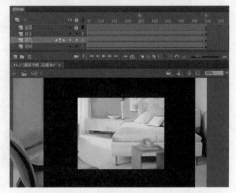

图 14-16

（7）在第 150 帧位置，将"椅子"元件的"模糊"参数值设置为"0 像素"，"亮度"参数值设置为"0%"，使其由模糊变清晰、由暗变亮，效果如图 14-17 所示。

（8）在第 150 帧位置，将"房间"元件的"模糊"参数值设置为"16 像素"，"品质"设置为"高"，"亮度"参数值设置为"-6%"，使其由清晰变模糊，效果如图 14-18 所示。

图 14-17 图 14-18

播放动画，可以看到在镜头平移的过程中，近景的椅子由模糊变清晰，远景的窗户及墙壁由清晰变模糊。至此，完成了变焦动画的制作。

本例的源文件可参考配套资源中的"14-2- 场景平移 - 完成 .fla"。

14.4 示范实例——制作动画：室内场景推镜头

视频
教程

本节引入一个相对复杂的室内场景实例[1]，来介绍如何制作室内推镜头动画。该场景是 Photoshop 软件生成的 psd 格式文件，需要将其导入 Animate 中，分层调节。

14.4.1 导入 psd 格式文件

Animate 和 Photoshop 两款软件都是 Adobe 公司开发的，一般情况下，它们的文件格式可以相互转换，有效衔接。

打开配套资源中的"14-3- 室内场景推拉 - 素材 .psd"，该文件是 Photoshop 源文件，我们使用 Photoshop 打开，可以看到，画面中已按不同的景别将物体分为多个图层，如图 14-19 所示。

图 14-19

[1] 本例由原郑州轻工业学院动画系 09 级同学邓滴汇绘制完成。

在 Animate 中新建文件，设置舞台大小为 720×576 像素，帧频为 25fps。执行菜单命令"文件"→"导入"→"导入到库"，选择配套资源中的"14-3-室内场景推拉-素材.psd"，单击"确定"按钮，弹出"导入到库"对话框，选中左侧的所有图层，修改右侧的导入选项，在"将此图像图层导入为"下方选中"具有可编辑图层样式的位图图像"单选框，即一些图层样式的参数将被保留；"创建影片剪辑"复选框默认为被选中状态，即每个图层都会被直接转换为"影片剪辑"元件；将"发布设置"下方的"压缩"设置为"无损"，即图像会以最佳质量导入 Animate 中。

单击"确定"按钮，会看到右侧"库"面板中的每个图层都被转换为"影片剪辑"元件，而整张图被转换为"14-3-室内场景推拉-素材.psd"图形元件，双击该元件进入其内部，会看到时间轴里的每个元件都被放在单独的图层中，如图 14-20 所示。

图 14-20

有的 psd 文件导入 Animate 时会出现很多锯齿和毛边，建议读者将 psd 文件的每个图层单独导出为透明通道的 PNG 图片，再将这些 PNG 图片导入 Animate，并整合起来，操作步骤如下。

在 Photoshop 中打开"14-3-室内场景推拉-素材.psd"，执行菜单命令"文件"→"脚本"→"将图层导出到文件"，如图 14-21 所示。在弹出的"将图层导出到文件"对话框中，设置目标路径、文件名前缀，文件类型选择"PNG-24"，选中"透明区域""交错""裁切图层"复选框，单击"运行"按钮，即将每个图层导出为一张单独的 PNG 图片，最后，把它们导入 Animate 中，如图 14-22 所示。

图 14-21

图 14-22

14.4.2　制作场景推镜头动画

场景推镜头动画的总长度为 100 帧（即 4 秒），镜头要从室内全景推到中间的椅子位置。为了提高训练难度，本例不采用平推镜头，而是模拟一只猫的视角，逐步跳向椅子，并且在运动过程中要有变焦效果。

（1）新建一个 Animate 文件，设置舞台大小为 720×420 像素，帧频为 25fps。先来做准备工作，将"库"面板中的"14-3-室内场景推拉-素材.psd"元件拖入舞台，在其上新建图层，用于绘制黑色遮罩，来挡住舞台以外的部分，便于在制作过程中观察，如图 14-23 所示。

图 14-23

（2）选择场景所在的图层，在第 100 帧位置插入关键帧，将场景放大，直至对椅子形成特写，然后创建传统补间动画，如图 14-24 所示。

图 14-24

（3）进入"14-3-室内场景推拉-素材.psd"元件内部，可以看到每个物体已被转换为"影片剪辑"元件，并被放在单独的图层中。接下来，为每个图层在第 100 帧位置插入关键帧，并在该帧里调节每个物体的位置。其中，将近景的鞋柜和书柜往两边移动，模拟镜头推近时物体向两边移动的效果，然后为各图层创建传统补间动画，如图 14-25 所示。

图 14-25

（4）回到场景中播放动画，可以看到，在镜头前推的过程中，每个物体的运动速度各不相同。接下来，每隔 10 帧为场景插入关键帧，要确保将前一个关键帧里的场景向上移动，后一个关键帧里的场景向下移动，这样交替设置。最后播放动画，就会看到场景向前推近时，出现了上下颠簸的效果，如同猫的视角，让观众感觉猫跳跃着跑向椅子，如图 14-26所示。

（5）镜头在推近过程中，每种景别都在变化。所以，接下来制作变焦的动画。

进入 "14-3- 室内场景推拉 - 素材 .psd" 元件内部，在第 100 帧位置，为近景的 "鞋柜" 和 "书柜" 元件添加 "模糊" 滤镜，将 "模糊" 参数值设置为 "4 像素"，"品质" 设置为 "高"，即为鞋柜和书柜添加了逐渐变模糊的效果，如图 14-27 所示。

图 14-26

图 14-27

（6）在第 1 帧位置，为远景中的 "电视桌" "窗前椅子" "窗" 元件添加 "模糊" 滤镜，并将 "模糊" 参数值设置为 "2 像素"，"品质" 设置为 "高"；再到第 100 帧位置，将三个元件的 "模糊" 参数值设置为 "0 像素"，即随着镜头的推近，远景中的物体被推至镜头前，由模糊逐渐变得清晰，如图 14-28 所示。

由于场景中的图片尺寸较大，并且添加了滤镜效果，播放时比较卡顿，即使导出 swf 格式的文件进行播放也不流畅。因此，需要导出 avi 格式的视频文件才能看到正常的播放效果，最终的动画视频可参考配套资源中的 "14-3- 场景推拉 - 完成 .avi"。

本例的源文件可参考配套资源中的 "14-3- 场景推拉 - 完成 .fla"。

图 14-28

视频
教程

14.5 示范实例——制作摄像头基础动画

摄像头工具是 Animate CC 新增的工具之一，使用摄像头工具，可以模拟真实的摄像机，来制作简单的镜头动画。摄像头工具原本是 Adobe 公司出品的另一款专业的后期合成软件 After Effects 的特色工具，而在 Animate CC 中增加摄像头工具，是其向专业软件迈进的重要尝试。不过，Animate CC 的摄像头工具主要包含一些基本的操作，很多细节参数的调整功能没有加入；另外，如果使用了图层深度调整后，会占用较大的系统资源。

总体来说，Animate CC 中加入摄像头工具，有利于在图层较多的文件中创作镜头运动。因此，摄像头工具对于动画制作，尤其对于创作镜头运动而言，是有益的补充。

本节将通过实例介绍摄像头工具的基本操作。

（1）打开配套资源中的"14-4- 摄像头动画 - 素材 .fla"，其中的场景从远至近分为六个图层，且场景的大小都超过了舞台边界，目的是为后续制作摄像头动画做准备，如图 14-29 所示。

图 14-29

（2）由于场景比舞台大很多，通常情况下，为了更直观地看到输出后的画面效果，会在时间轴里的顶层新建图层，用黑色色块遮住舞台以外的部分。但是，Animate CC 提供了更简便的工具：单击舞台右上角的"剪切掉舞台范围以外的内容"按钮，就会看到舞台以外的部分不再显示了，如图 14-30 所示。

图 14-30

（3）单击工具栏中的摄像头工具，或者单击时间轴下方的"添加摄像头"按钮，会看到新增了一个名为"Camera"的图层；同时，之前的"添加摄像头"按钮变成了"删除摄像头"按钮，单击该按钮就可以将摄像头删除。

在"属性"面板中，也增加了"摄像头属性"和"摄像头色彩效果"两个下拉菜单栏，里面有各种参数可以进行调整。

舞台下方，多出了一个可以调整摄像头的滚动条功能区，滚动条前面的两个按钮可以对摄像头缩放或旋转。使用时，单击前面的任意按钮，再拖曳滚动条即可，如图 14-31 所示。

图 14-31

（4）保持工具栏中的摄像头工具处于被使用状态，这样，"属性"面板才能显示相关的摄像头参数以便调整。先在第 1 帧位置，打开"摄像头属性"下拉菜单，将"缩放"参数值设置为 500%，相当于摄像头向前推近，画面就被放大了；再调整位置参数，让摄像头对准舞台上的小狗，如图 14-32 所示。

图 14-32

（5）因为小狗不停地向右跑的，而摄像头当前是不动的，所以播放动画时，小狗就走到了画面以外，现在要调整摄像头，使其跟随小狗。

在第 30 帧位置，为 "Camera" 图层设置关键帧，并调整摄像头的位置参数，在 "属性"面板的 "摄像头属性" 下拉菜单中设置 X 和 Y 的数值，使小狗保持在中心位置，然后在时间轴里的第 1~30 帧之间的任意位置右击，在弹出的菜单中选择 "创建传统补间" 命令。最后播放动画，就能看到摄像头在前 30 帧跟随小狗移动了，如图 14-33 所示。

图 14-33

（6）接下来，制作拉镜头动画。在第 60 帧位置，为 "Camera" 图层设置关键帧，将 "缩放" 参数值设置为 "180%"；再调整位置参数，使舞台上牵小狗的女孩在画面中完整地显示出来，并对其创建传统补间动画。最后播放动画，可以看到在第 30~60 帧，镜头由原来对小狗进行特写，改为拉镜头展示女孩的全貌了，如图 14-34 所示。

（7）制作以全景结尾的画面。在第 100 帧位置，为 "Camera" 图层设置关键帧，将 "缩放" 参数值设置为 "100%"，再将 "位置" 中的 "X" 参数值设置为 "0"，这样就回到了之前的全景镜头。为这部分画面创建传统补间动画，制作镜头拉回全景的效果，如图 14-35 所示。

（8）播放动画会发现，在拉镜头时，最后两段动画连接得很突兀，需要调整其缓动效果。

图 14-34

图 14-35

先对倒数第二段动画调整，在第 30~60 帧之间选中任意帧，在"属性"面板中将"缓动"参数值设置为"100"，即拉镜头的动画效果会越来越慢；再对最后一段动画调整，将其"缓动"参数值设置为"-100"，即拉镜头的动画效果会越来越快，这样两段动画最慢的部分正好连接在一起，播放动画时，其连接效果就不会显得那么突兀了，如图 14-36 所示。

图 14-36

本例的源文件可参考配套资源中的"14-4-摄像头基础动画-完成.fla"。

14.6 示范实例——制作摄像头图层深度动画

视频
教程

图层深度是 Animate CC 摄像头工具最重要的属性，它可以为每个图层增加深度，简单来说，使用该功能可以将普通图层变为类似于 After Effects 中的 3D 图层。

这里需要介绍一下 3D 究竟是什么，和 2D 有什么不同，它们的区别在哪里？

说得浅显一些，2D 只能进行上下、左右两个维度的运动，即沿 X、Y 轴方向的运动。而 3D 在此基础上，还可以进行前后运动，即沿着 Z 轴方向运动。

之前所学的内容，只是使用 Animate 进行平面操作，即通过选择工具，对图层中的物体进行上下、左右移动；而物体的前后运动，只能使用任意变形工具对其放大或缩小，来模拟前后运动的效果。而现在，通过学习图层深度属性，读者可以制作真实的前后运动了。

接下来，我们通过实例来对摄像头的图层深度属性进行学习。

（1）打开配套资源中的"14-4-摄像头动画-素材.fla"。单击工具栏中的摄像头工具，创建"Camera"图层。下一步，激活图层深度属性，单击时间轴左上角的"关"按钮，会弹出"使用高级图层？"提示对话框，单击"使用高级图层"按钮，如图 14-37 所示。

图 14-37

（2）单击时间轴上方的"单击以调用图层深度面板"按钮，或者执行菜单命令"窗口"→"图层深度"，打开"图层深度"面板。

"图层深度"面板能显示时间轴里的所有图层，图层右侧有深度参数可以调整，数值越大表示距离摄像头越远，数值越小表示距离摄像头越近。最右侧能显示图层之间的距离，每条彩色实线和时间轴里的图层颜色标志对应，而虚线组成的三角形表示摄像头所在的位置。

接下来，调整每个图层的深度值。远景的深度参数值大，近景的深度参数值小，可以按照如图 14-38 所示的参数进行调整。调整时，将远景图层推远后会变得很小，甚至小于舞台边界，所以，需要调整远景图层，使其大于舞台边界。

（3）制作摄像头的图层深度推拉动画，先在"Camera"图层上右击，在弹出来的菜单中选择"创建补间动画"命令，然后在第 50 帧位置插入关键帧，作为第一段动画的结束帧。然后在第 1 帧位置，打开"图层深度"面板，把"Camera"图层的"深度"参数值设置为"900"，按 Enter 键播放动画，可以看到这种推拉动画和之前的缩放动画不同，摄像头的确按照逐个图层的方式穿过，而不是缩放动画那样整体放大或缩小，如图 14-39 所示。

图 14-38

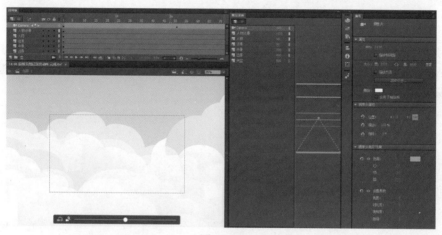

图 14-39

（4）在摄像头的"属性"面板中，可以对画面的整体颜色、色调进行调整。

在第 100 帧位置，打开摄像头"属性"面板的"摄像头色彩效果"下拉菜单，将"调整颜色"的"饱和度"参数值设置为"-100"，再播放动画，会看到画面逐渐变成黑白状态。但是，这种变化是从第 1 帧开始的，如果希望从第 50 帧开始变化，就需要在第 50 帧位置，将"饱和度"参数值设置为"0"，即饱和度变化就会从第 50 帧开始，如图 14-40 所示。

本例的源文件可参考配套资源中的"14-4- 摄像头图层深度动画 - 完成 .fla"。

图 14-40

本 章 小 结

本章主要介绍了 Animate 场景动画。场景和角色，是动画中必不可少的两大元素。

很多动画制作人员为了追求更好的效果，往往在其他软件（如 Photoshop、Painter 等）中绘制更为精细的位图场景，然后再导入 Animate 中进行使用。但是，Animate 对于位图的支持并不是特别方便，通常需要将位图转换为元件，才能使用部分调整命令和滤镜功能。此外，当播放动画时，场景容易出现"跳""不清晰"等问题，解决办法为：将其转换为矢量图或者提高位图的导入精度。

抛去这些技术层面的问题，场景动画也绝不仅仅是移动、放缩、旋转这么简单，前、中、远三个景别的运动速度、相互之间的位置关系，都是场景动画的前提条件，也是场景的运动规律，只有熟练掌握上述内容，才能做出优秀的场景动画。

练 习 题

请读者设计并制作一个主题为"世外桃源"的场景，要求把整个场景的景别拉开，场景要动静结合，动的元素包括流淌的小河、飞流的瀑布、飘动的树叶、嬉戏的小鸟等。最后，制作整个场景的平移动画。

第15章

Animate 动画的合成实例

在前面的章节中，我们学习了角色、场景、动作等动画片的必备部分，但是如何才能使用 Animate 制作一部完整的动画片呢？这就是本章要介绍的重点内容——动画的合成。

合成指的是把制作好的角色、场景、动作组合在一起，构成一个个完整的镜头，再将这些镜头串联在一起，并加上音效，组成一部完整的动画片。

15.1 Animate 合成概述

如果只是单纯地将在 Animate 中绘制的角色、场景合成的话，其实是一件相对简单的事情。通俗地讲，就是创建两个图层，将场景放在下面的图层，角色放在上面的图层就可以了。

但实际上，Animate 软件经过了多年的发展，功能已经有了明显的提升，它不仅能对矢量图形进行编辑，还可以将视频、图片、声音等外部文件导入，进行编辑与合成。

因此，在讲述 Animate 的合成功能前，有必要介绍一些常见的视频、图片、声音文件。

1. 视频格式

国际通用的视频格式中，最常见的是 MOV 和 AVI 格式。这两种格式的视频文件可以直接导入 Animate 中。上述两种格式的视频都可以按照无压缩效果保存，从而最大限度地保证视频的质量。当然，它们也可以另存为其他各种质量的视频，以便对视频体积进行有效控制。因此，MOV 和 AVI 格式受到很多制作人员的欢迎。

其他常用的视频格式还有 WMV、MPG 等，这些格式都是经过压缩的，因此，当对视频质量要求较高时就不适用。

还有一些比较特殊的视频格式，是无法直接导入 Animate 中的，如需导入可使用视频格式转换软件（如"格式工厂"等），将它们转换为 AVI 等格式。

2. 图片格式

图片格式的种类有很多，在视频编辑过程中常见的有 JPG、TIF、PNG、PSD 等格式。

JPG 格式的最大优点是压缩比率高，在同等质量下，JPG 格式的图片体积最小，适合在网络上发布和传播；而它的缺点也由此产生，JPG 格式的图片压缩后就会有少量失真，而视频编辑对图片精度要求较高，所以在后期合成中，JPG 格式很少被使用。

TIF 格式可以设置为无压缩效果，故图片的质量较好，同时它还可以保存图片的通道（即透明背景），这一特性使后期合成更加快捷、高效，因此在视频编辑中，TIF 格式使用频率较高。

PNG 格式的特点和 TIF 几乎相同，且该格式的图片体积较小，在 Animate 中使用频率较高。

PSD 是使用 Photoshop 软件保存的格式，可以保存图层、通道等信息，在与 Adobe 公司出品的其他软件进行互相编辑时，可以导入这些信息，提高工作效率。

3. 声音格式

声音格式较为简单，通常使用的音频格式只有 WAV 和 MP3 两种。

WAV 是声音的通用格式，也是无压缩的格式，通常在视频编辑过程中使用的频率最高。

MP3 格式的文件是经过压缩处理的，音质有些损失，但一般情况下也可以使用。有些

MP3 格式的文件无法导入 Animate 中，这是由于自身的编码存在问题，可以使用一些音频格式转换软件，将其转换为 WAV 格式即可。

15.2 Animate 合成前的设置

在 Animate 中合成一部动画片，需要明确分工，先由多位动画制作人员同时制作并合成各自负责的动画，最后将所有文件放在一个 Animate 文件中进行总合成。因此在合成动画前，要明确所有的通用参数，使所有参与者能制作出同样规格的 Animate 文件，避免合成时出现问题。

这些通用参数包括：舞台大小、帧频、遮罩、底纹等。

 ### 15.2.1 舞台大小和帧频

在 Animate 中，舞台大小指动画最终输出时的尺寸大小；帧频指每秒放映或显示的帧数。

这两个参数必须在制作前统一。在舞台的空白位置单击，便可在"属性"面板中设置这两个参数；还可以单击"高级设置"按钮，弹出更加详细的"文档设置"对话框，如图 15-1 所示。那么，舞台大小和帧频设置为多少才合适呢？请扫描下方的二维码进一步了解。

舞台大小和
帧频设置

图 15-1

设置好舞台大小和帧频后，就可以合成动画了。每位动画制作人员合成自己负责的动画后，需要将所有的文件放入一个 Animate 文件中进行总合成。具体操作为：在 Animate 文件里选中所有帧并右击，在弹出的菜单中选择"复制帧"命令；再进入将要总合成的 Animate 文件，在时间轴的空白位置右击，在弹出的菜单中选择"粘贴帧"命令，如图 15-2 所示。

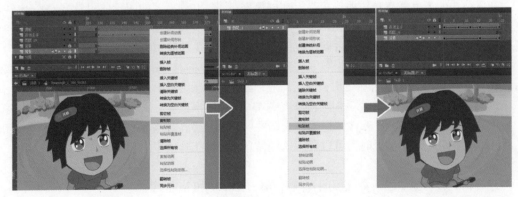

图 15-2

如果两个文件的舞台大小不同，会形成错位。例如，将舞台小的文件复制到舞台大的文件里，则有大片的空白区域没有被填充，遇到这种情况，有两种解决办法。

（1）单击时间轴下方的"编辑多个帧"按钮，使其处于打开状态，然后，时间轴上方会出一对中括号形状的选择区域，把它们分别向两边拖动，使整个时间轴都处于这对中括号形状的选择区域内，按 Ctrl+A 组合键，选中所有帧里的图像，再使用任意变形工具进行缩放，使画面和舞台大小一致，然后关闭"编辑多个帧"按钮，如图 15-3 所示。

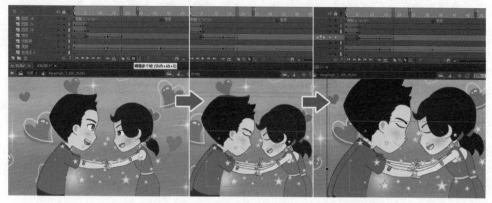

图 15-3

（2）在时间轴里选中所有帧并右击，在弹出的菜单中选择"剪切帧"命令；新建一个图形元件，进入元件内部，在第 1 帧位置右击，在弹出的菜单中选择"粘贴帧"命令；回到舞台中，只留下一个图层，其他图层全部删除，在留下的图层中，将新建的元件拖进来，再使用任意变形工具缩放，使之与舞台大小一致，如图 15-4 所示。

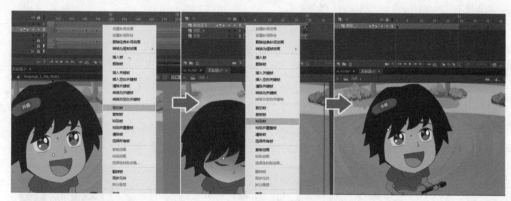

图 15-4

注意： 帧频不一样动画文件无法合成，只能重新调整。

 ## 15.2.2　黑框和底纹

1. 黑框

从 19 世纪末期到 20 世纪 50 年代，多数电影的画面比例为标准的 1.33∶1（准确地说是 1.37∶1，但作为标准而言统称为 1.33∶1）。也就是说，电影画面的宽度是高度的 1.33 倍。这种比例有时也表示为 4∶3，即宽度为 4 个单位，高度为 3 个单位。同样，电视平台也不例外，直到现在，很多电视节目的画面比例依然遵循 4∶3。

近年来，宽屏这一概念被频繁使用，宽屏的典型画面比例为 16∶9，这种比例是高清晰度电视的国际标准，不过宽屏的画面比例也有多种，如 15∶9、17∶10、25∶9 等。

但对于在电视平台播放的动画而言，宽屏意味着在保证动画片画面宽度为 720 像素的前提下，对高度进行改变。即画面宽度必须保证为 720 像素，而画面高度可以是低于 576 像素的任意值，否则在电视平台播出时会遇到很多问题。

宽屏画面的比例更接近黄金分割比，拥有较宽的观看视角，更符合人体工程学的研究，适合人眼睛的视觉特性，在观看影片时给人的感受也更舒服。

因此，越来越多的动画制作者开始尝试宽屏动画，采用的方法为：在画面的上、下各加一条黑框，这样调整后，使画面符合宽屏比例，给人的感觉更像一部电影，如图 15-5 所示。

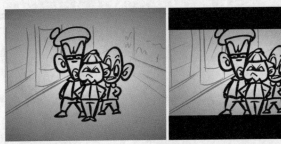

图 15-5

在合成动画前，需要先将上、下黑框的数值统一，以免出现镜头黑框大小不一致的情况。

制作黑框的方法也很简单，使用矩形工具直接绘制黑色色块，然后确定大小，分别放在画面的上、下位置，再把时间轴里的黑框图层置于顶层。

2. 底纹

动画刚进入中国时，很多动画制作者都希望做出画面极其细腻、逼真度接近照片的动画。但随着大家的眼界普遍提高，越来越多的动画制作者走上返璞归真的道路，他们追求有特点、有创意的原始手绘动画。

在之前的章节中，我们讲过用手绘板模拟真实的笔触效果，但在专业人士眼中，这是远远不够的。因此，底纹效果被用到 Animate 的动画制作过程中。例如，一些纸纹效果配合手绘板绘制的笔触，能够使手绘感更加强烈。

具体的制作方法为：将一张纸纹图片导入 Animate 中，然后转换为"影片剪辑"元件，并在时间轴里将其置于顶层。选中该元件，打开"属性"面板的"显示"下拉菜单栏，将"混合"设置为"正片叠底"，然后将"色彩效果"下拉菜单栏中的"样式"设置为"Alpha"，并调整透明度的参数值，即可调节纸纹效果的强弱，如图 15-6 所示。

图 15-6

15.3 示范实例——合成单个镜头：看月亮

视频
教程

在 Animate 中合成镜头，需要将场景和角色动作放在一起，这看似简单，但实际操作起来，却要制作大量的细节。本节将通过实例来详细讲解合成单个镜头的操作方法。

（1）打开配套资源中的"15-1-合成镜头-素材.fla"，会看到舞台以外的区域被黑色色块覆盖。这是传统的遮罩手法，便于动画制作人员专心操作舞台中显示的内容。

打开"库"面板，会看到里面有两个文件夹，分别是"场景"和"角色"，其中"角色"文件夹内有已经做好的角色动作元件，如图 15-7 所示。

（2）按照制作流程，先布置好场景，然后再根据场景来安排角色并调整其动作。

在时间轴里自下而上新建图层，按照由远及近的场景布置原则，分别放置不同的景别，即底层图层放置远景，然后分别放置中景、近景等，如图 15-8 所示。

图 15-7   图 15-8

（3）场景布置好了，接下来，需要为场景增加一些动态效果。因为是野外场景，所以会有阵阵清风，而清风可以吹动花、草等小植物，所以进入"草 1"元件，将花和草向两边轻微移动，如图 15-9 所示。

（4）按照同样的方法，将"草 2"元件中的小花也向旁边轻微移动，如图 15-10 所示。

图 15-9   图 15-10

（5）接下来，把角色放入场景中。从"库"面板中将"猪-叹气"元件拖入舞台，缩放并移动该元件，将其放在场景的左侧，如图 15-11 所示。

（6）绘制角色的光影效果。动画属于电影的范畴，而电影很讲究光影效果。所以，动画片的光影效果越强，氛围就越浓烈。简而言之，光影主要包括光源和阴影，光源对物体的影响可以分为受光面和背光面，而阴影就是物体在光源下投射的阴影。

现在，对本例进行分析。场景中的月亮属于光源，故角色的影子应该朝向画面，背向月亮。

将"猪－叹气"元件垂直翻转，打开"属性"面板的"色彩效果"下拉菜单，将"样式"设置为"色调"，使元件的色调变暗，成为阴影，并将其放在角色下面的图层中，如图15-12所示。

图15-11　　　　　　　　　　　　　　　　　　　　图15-12

由于 Animate 软件的限制，此处向读者介绍两种制作阴影的方法。

①最简易的阴影效果就是在角色下方绘制一个圆形，并填充为黑色，然后降低透明度。虽然效果一般，但这种方法最大的优点就是快捷。如果将该方法进行延展，可以将圆形阴影图案转换为"影片剪辑"元件，并添加"模糊"滤镜，效果如图15-13中左侧的两幅子图所示。

②将角色所在的元件复制并垂直翻转，还可以进一步斜切，然后将其色调变暗。这样的阴影效果相对更真实。如果该元件是动作元件，那么阴影可以随着角色的动作变化而改变。这种方法的缺点就是阴影和角色的结合处经常出现问题，不容易控制。该阴影效果也可以添加"模糊"滤镜，效果如图15-13中右侧的两幅子图所示。

图15-13

（7）进入"猪－叹气"元件，可以看到，角色动作的总长度为51帧，而现在剧情要求是：角色动作完成后，应停止不动，一直延伸到第69帧。如果强行将角色图层拉伸到第69帧，则会在第51帧角色动作完成后，从第52帧重复动作。

因此，需要选中"猪－叹气"元件，打开"属性"面板中的"循环"下拉菜单，将"选项"设置为"播放一次"，即角色动作在播放一次后，角色就会停止不动，如图15-14所示。

（8）由于此处的角色有一个叹气的动作，角色需要从口中吐出一团白雾。故新建图层，将"库"面板中的"气"元件拖入图层的第48帧，并在第48~69帧，绘制吐出的气由小到大的变化效果，并添加"模糊"滤镜，如图 15-15 所示。

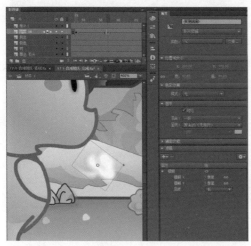

图 15-14　　　　　　　　　　　　　　　　　图 15-15

（9）接下来，将"猪 - 带影子侧面走 2"元件拖入舞台，并在时间轴里接续上一个动作，调整大小和位置。这时，可以打开"绘图纸外观"选项，参照上一个动作结束的位置进行调整，然后将该元件复制并垂直翻转，做出阴影效果，如图 15-16 所示。

（10）为所有图层在第 120 帧位置插入帧，并为"猪 - 带影子侧面走 2"元件和阴影在第 120 帧位置插入关键帧，将元件和阴影向画面右侧移动。最后播放动画，可以看到角色从画面的左侧向右侧走动，如图 15-17 所示。

图 15-16　　　　　　　　　　　　　　　　　图 15-17

（11）在第 112 帧，需要让角色停止动作，故为角色在第 112 帧位置插入关键帧，然后在舞台中选中角色，在"属性"面板中的"循环"下拉菜单中，将"选项"设置为"单帧"，将"第一帧"设置为"43"，就可以让角色动作停留在元件内的第 43 帧位置，如图 15-18 所示。

（12）为所有图层在第 121 帧位置插入帧，然后在第 119 帧位置，为角色图层插入关键帧，在舞台中选中角色，打开"属性"面板中的"循环"下拉菜单，将"选项"设置为"单帧"，将"第一帧"设置为"43"，即角色从元件内的第 43 帧开始运动，如图 15-19 所示。

图 15-18　　　　　　　　　　　　　　　　　图 15-19

至此，镜头合成制作完毕。本例的源文件可参考配套资源中的"15-1-合成镜头-完成 .fla"。

15.4　示范实例——镜头转场：倒水

视频
教程

转场，是影视中的名词，简单地说，就是镜头与镜头之间的过渡和转换。

如果镜头之间没有转场，即一个镜头结束后马上播出另一个镜头，这种过渡方式叫作"硬切"，属于很生硬的切换镜头方式。

最常用的转场方式是淡入淡出，即前一个镜头渐渐淡去，而后一个镜头淡淡显示出来，属于很柔和的转场过渡方式。

其他的转场方式还有白闪，即前一个镜头渐渐变亮，直至整个画面变为白色，而后一个镜头由极亮渐渐恢复正常。与此类似的还有黑闪。

接下来就介绍在 Animate 中进行镜头转场的方法。

15.4.1　制作淡入淡出的转场效果

打开配套资源中的"15-2-转场-素材 1.fla""15-2-转场-素材 2.fla""15-2-转场-素材 3.fla"，这三个文件都是独立的镜头，现在需要将它们用转场的方式合成在一起，如图 15-20 所示。

图 15-20

（1）新建一个 Animate 文件，设置舞台大小为 550×400 像素，帧频为 24fps。新建"镜头1"图形元件，如图 15-21 所示。

（2）复制"15-2-转场-素材 1.fla"中的所有帧，并粘贴到"镜头 1"元件，将"镜头 1"元件拖入舞台，由于该镜头的长度为 46 帧，因此在第 46 帧位置插入普通帧，如图 15-22 所示。

（3）按照同样的方法，复制"15-2-转场-素材 2.fla"和"15-2-转场-素材 3.fla"中的所有帧，分别粘贴至"镜头 2"和"镜头 3"图形元件，再将两个图形元件拖入舞台，按顺序放入时间轴里，每两个镜头之间有 10 帧重叠，便于后续制作转场效果，如图 15-23 所示。

图 15-21

图 15-22

图 15-23

（4）为"镜头 1"和"镜头 2"交接的起始和结束位置都设置关键帧，并将"镜头 1"最后一帧的 Alpha 值设置为"0%"，使"镜头 1"在最后 10 帧逐渐变得完全透明，如图 15-24 所示。

（5）按照上述方法，将"镜头 2"起始帧的 Alpha 值设置为"0%"，"镜头 2"第 10 帧的 Alpha 值设置为"100%"，使"镜头 2"由完全透明逐渐变为不透明，即"镜头 1"逐渐透明的同时"镜头 2"逐渐显现，为两个镜头之间添加了淡入淡出的转场效果，如图 15-25 所示。

图 15-24

图 15-25

（6）模仿步骤（5），做出"镜头2"到"镜头3"淡入淡出的转场效果，如图15-26所示。

图 15-26

本例的源文件可参考配套资源中的"15-2-转场-淡入淡出转场.fla"。

15.4.2 制作白闪和黑闪的转场效果

本节将介绍白闪和黑闪转场效果的制作方法。

（1）新建 Animate 文件，设置舞台大小为 550×400 像素，帧频为 24fps。打开配套资源中的"15-2-转场-素材1.fla""15-2-转场-素材2.fla""15-2-转场-素材3.fla"，分别复制三个文件中的所有帧，以元件的方式粘贴至新建的 Animate 文件中，并在时间轴里的"图层1"中依次排列，如图15-27所示。

图 15-27

（2）在"图层1"之上新建"图层2"，绘制白色的矩形色块用于遮住舞台，并将其转换为图形元件，在"镜头1"的最后5帧出现，在"镜头2"的起始5帧截止，如图15-28所示。

（3）调整白色色块的透明度，使它由完全透明变为不透明，再变为完全透明，并添加传统补间动画。播放动画，就会看到"镜头1"结束时，白色色块开始逐渐显现，然后又逐渐透明，露出"镜头2"的画面，如图15-29所示。

（4）模仿步骤（3），做出"镜头2"到"镜头3"白闪的转场效果。白闪转场效果的源文件可参考配套资源中的"15-2- 转场 - 白闪转场 .fla"。

（5）黑闪效果和白闪效果的制作方法一样，不同之处在于将白色色块改为黑色色块即可，如图 15-30 所示。黑闪转场效果的源文件可参考配套资源中的"15-2- 转场 - 黑闪转场 .fla"。

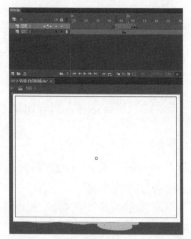
图 15-28

图 15-29

图 15-30

15.5 示范实例——多镜头整合

使用 Animate 制作一部动画片，最终要将该动画片中的所有镜头在一个 Animate 文件中进行总合成，如果镜头数量较多，则合成的工作量也会增加。

很多初学者习惯按照顺序，将镜头依次放在时间轴里，这样的好处是比较直观，但是缺点也很多，除时间轴会被拉得很长外，更重要的是修改时极不方便。

无论是做商业动画还是做独立动画，都不可能一气呵成，当动画制作完成后，或多或少需要进行修改。由于 Animate 软件的局限性，剪辑功能并不完善，只能通过删除帧或插入帧的方式，缩短或延长单个镜头的时间；以及借助剪切帧和粘贴帧的方式，来调整镜头之间位置。

这样的操作弊端很大，由于所有的镜头在时间轴里依次排列，一旦前面的某个镜头的时间长度发生变化，之后所有的镜头都需要依次前移或后退。因此，不到最终确认阶段，绝对不能使用在时间轴里排列全部镜头的做法。

那么，整合多个镜头时，应该使用什么方法呢？下面详细介绍。

按 Shift+F2 组合键，会弹出"场景"面板。但这里的"场景"不是场景设置中的"场景"，而是指"场"，也可以指"镜头"。

准确地说，每个场景都有一个独立的时间轴，当 Animate 动画被导出后，动画将按照场景的先后顺序进行播出，先播出第一个场景中的画面，然后再播出第二个场景中的画面，依次顺延，各场景将按照"场景"面板中所列的顺序进行播放。也就是说，当播放触针通过某个场景的最后一帧时，它将进入下一个场景。

读者可以将每个镜头单独放在一个场景中，并调整好场景的顺序，这样，当导出动画后，镜头就会连续播放。

使用"场景"面板，有以下两项优点。

（1）可以随意改变单个场景的时间。因为每个场景都是独立的，无论长短，都要播放完成后，再播出下一个场景。因此，修改单个场景的时间不会影响其他的场景。

（2）可以随意调整场景的顺序。在"场景"面板中可以对场景的顺序进行调整，因为每个场景都是独立的，所以调整顺序时，只涉及当前操作的场景，不会影响其他场景。

"场景"面板左下角有三个按钮，分别是"添加场景""重制场景""删除场景"，如图 15-31 所示，其功能分别如下。

- "添加场景"按钮：可以添加一个新的空场景。
- "重制场景"按钮：选中某场景，单击该按钮，可将该场景完整地复制一遍，在做镜头重复时很有用。
- "删除场景"按钮：选中某场景，单击该按钮，可将该场景删除。

可以使用 15.4 节中的素材，将它们分别放在单独的场景中，具体方法是：将某镜头的所有帧复制到新场景中；再将下一个镜头的所有帧复制到另一个新场景中，如图 15-32 所示。

图 15-31

图 15-32

没有导出 Animate 动画前，用户只能预览某场景中的效果，如果想看到多个场景连在一起的效果，只能按 Ctrl+Enter 组合键导出动画，才能正常观看连贯的场景效果。

读者可以打开配套资源中的"15-3-场景面板-奔月.fla"，该文件是一部完整的 Animate 动画，镜头整合部分是用"场景"面板实现的。

另外，也可以单击舞台右上角的场景面板图标，弹出场景列表，单击场景名称就可以进入相应的场景内部进行修改，实现场景切换，如图 15-33 所示。

图 15-33

15.6 示范实例——添加背景音乐

一部动画作品，除给观众带来视觉的享受外，还要给观众带来听觉的享受。视觉效果主要取决于画面，而听觉效果就取决于动画的声音。

在动画中，声音一般分为三种：背景音乐、音效、对白。

（1）背景音乐（Background Music，BGM）也称配乐，通常指在电视剧、电影、动画、电子游戏、网站中用于调节气氛的音乐，一般插入对话中用来烘托氛围，并增强情感的表达效果，使观众有身历其境的感受。

（2）音效指利用声音片段制造的效果，为了增强场面的真实感、气氛或戏剧气息，而加于声带上的杂音或声音，例如，爆炸产生的声音、汽车的喇叭声、飞机的轰鸣声等都属于音效。

（3）对白指动画中由角色说出来的台词。

由于 Animate 动画是在计算机中制作的，因此这三种声音文件都必须转换为数字声音文件，才能导入 Animate 中进行编辑和制作。

Animate 支持 MP3、WAV、AIFF 三种常见的声音格式。制作者可以使用导入命令，将这些声音文件导入 Animate 的库中，然后再选择合适的位置将这些声音文件拖入时间轴里，以便和画面配合播出。

一般收集声音文件有三种途径：第一，自己录制；第二，购买音效库；第三，去网上搜集免费的声音文件并下载。

15.6.1 将声音导入场景中

（1）在完成动画制作的 Animate 文件中，执行菜单命令"文件"→"导入"→"导入到库"，将相关的声音文件导入 Animate 中，这时就会看到"库"面板里有小喇叭标志的文件，即导入后的声音文件，如图 15-34 所示。

如果找不到合适的声音文件，可以单击"库"面板上方的下拉菜单按钮，打开其他 Animate 文件的库，寻找其中的声音、音效等素材文件，将其复制后再使用，如图 15-35 所示。

（2）接下来，将"库"面板中的声音文件拖入时间轴里。先新建"音效"图层，在希望插入声音的位置（如第 5 帧）设置空白关键帧，选中该帧，再将"库"面板中的声音文件拖入舞台中的任意位置。这时会看到，"音效"图层的空白关键帧后出现了橙色的声音波形，按

Enter 键播放，就可以听到声音效果了，如图 15-36 所示。

（3）在"音效"图层中，选中声音波形的任意帧，会在"属性"面板中显示该声音文件的属性，将"同步"设置为"数据流"，该参数是为较长的音乐而设计的，它能最大程度地使声音和画面实现同步，如图 15-37 所示。

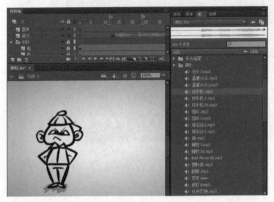

图 15-34

图 15-35

图 15-36

图 15-37

（4）如果希望在同一时间段播放多种声音，可以再新建图层，并在其中添加声音文件，即可在同一时间段内添加多种声音文件，使声音丰富起来，如图 15-38 所示。

图 15-38

15.6.2　更换声音文件

对声音进行编辑时，通常会遇到这种情况：同样的场景要尝试多种声音效果，以便确认哪种更适合。在这种尝试过程中，更换声音文件是必要的操作。更换声音文件的方法有以下两种。

第一种，在时间轴里，选中原有声音文件的关键帧并右击，在弹出的菜单中选择"清除关键帧"命令，即可将关键帧和其上的声音文件从时间轴里删除，然后将新的声音文件放入时间轴里就可以了，如图 15-39 所示。

第二种，在时间轴里选中原有的声音文件，在"属性"面板中打开"名称"右侧的下拉菜单，将会展示库中的所有声音文件，单击想要的声音文件即可完成更换操作，如图 15-40 所示。

图 15-39   图 15-40

15.6.3 剪辑和编辑声音文件

添加声音文件时，经常会遇到这种情况：画面只有 10 秒，而与之匹配的背景音乐竟有 20 秒，此时就需要对声音进行剪辑。

在时间轴里选中需要剪辑的声音文件，在"属性"面板的"声音"下拉菜单栏中，单击"效果"选项后面的铅笔图标，弹出"编辑封套"对话框，显示上下两个声音波形图，分别代表左声道和右声道，中间的数字刻度代表时间长度（秒），右下角的四个按钮分别表示"放大显示波形图""缩小显示波形图""以秒为单位来显示""以帧为单位来显示"，如图 15-41 所示。

如果要对声音进行剪辑，可以拖曳上下波形图所夹中间区域两侧的小方块，不在两个小方块之间的部分呈现灰色，表示不会被播放，这样便可对声音进行简单处理，如图 15-42 所示。

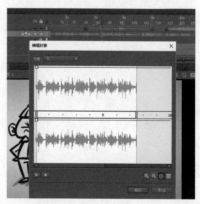

图 15-41   图 15-42

此外，还会遇到这种情况：声音文件添加在场景 1 中，其长度为 20 秒，场景 1 的长度为 10 秒。等场景 1 的动画播放完毕，跳转到场景 2 时，该声音文件会继续播放，而此时的场景 2 中看不到该声音文件。

这种问题是由 Animate 的软件特性导致的。声音文件一旦播放，除非播放完毕，否则无法停止。解决方法就是对声音剪辑，剪掉多余的声音部分。

但是，强制剪辑会造成声音突然出现或突然消失，显得非常突兀。这时可以使用 Animate 中的音效处理功能，为声音添加淡入淡出的效果，操作方法如下。

在时间轴里选中声音文件，进入"编辑封套"对话框，在对话框左上方的"效果"下拉菜单中选择"淡入"效果，即声音由弱变强，会看到声音波形图的黑线变为由左下向右上延伸。这条黑线是控制声音大小的，黑线向上则声音会变强，反之声音会变弱，如图 15-43 所示。

声音的强弱变化还可以自定义设置：在声音波形图的黑线上单击，会出现很小的正方形控制点，调整控制点即可改变声音的强弱效果，如图 15-44 所示。

图 15-43

图 15-44

本 章 小 结

本章主要介绍了 Animate 动画合成的方法、步骤以及常见的问题，涉及的知识面较广。

合成是 Animate 动画制作的关键环节，要求制作人员有较好的镜头感、节奏感，以及强烈的耐心和细心，从而完成种种复杂的事务。平心而论，Animate 的合成能力比较一般，它既不能像 After Effects 那样添加很多特效，也不能像 Premiere 那样对视频和音频进行随心所欲的剪辑。但是，Animate 也有自己独特的优势，它能导出体积很小、便于网上传播的 SWF 格式文件。

因此，Animate 的合成功能对于动画制作人员而言依然很重要，读者需要经过大量的实践才能熟练掌握合成的技术和手法。

练 习 题

1. 将本章的所有示范实例进行合成，输出一个完整的动画。
2. 为本章的"合成单个镜头：看月亮"实例添加声音。